女人
优雅之道

内外兼修，做最精彩的自己

崔晓久 / 著

the road to elegance

中国商业出版社

图书在版编目（CIP）数据

女人优雅之道：内外兼修，做最精彩的自己 / 崔晓久著. -- 北京：中国商业出版社，2015.12
（女人修炼之道系列；2）
ISBN 978-7-5044-9208-1

Ⅰ.①女… Ⅱ.①崔… Ⅲ.①女性－修养－通俗读物 Ⅳ.① B825-49

中国版本图书馆CIP数据核字（2015）第 286661 号

责任编辑：陈鹰翔

中国商业出版社出版发行
010-63180647　　www.c_cbook.com
（100053　北京广安门内报国寺1号）
新华书店总店北京发行所经销
北京中华儿女印刷厂印刷
*
880×1230 毫米　　32 开　　7.5 印张　　160 千字
2016 年 1 月第 1 版　　2016 年 1 月第 1 次印刷
定价：32.80 元
****
（本书若有印装质量问题，请与发行部联系调换）

前言 /introdution

很多时候，女人搞不清楚自己到底是个什么样的人，有时候觉得自己很脆弱，有时候又觉得自己很坚强；有时候觉得自己很小气，有时候又觉得自己很宽容；有时候觉得自己很感性，有时候又觉得自己很理性；有时候觉得自己很独立，有时候又觉得自己还是离不开男人……

所以，女人是多变的，在喜欢的男人面前，她们温柔婉约，小鸟依人；在突如其来的艰难困境中，有时候女人表现出来的坚强，令男子汉也汗颜。女人，要学会的是，什么时候该出来迷惑众生，什么时候该耍性格。

有些女人以委曲求全、放低身段、无私奉献的方式，去成就着男人的伟岸，弥补着大多数男人的冷漠与自私，因为有了她们，这个越来越冷清的世界才显得充满人性；有些女人以不屈抗争的姿态，奔走在这个依然充满男权色彩的竞争环境，用她们的勇敢，在改变这个世界的不平，捍卫着女性的尊严。所有的女人都娇艳如花，用自己的人体之美调和着男人的好色之眼，增色着这个世界；所有的女人都活得辛苦，她们牺牲着自己粘合社会，她们奉献着服务家人。优雅，舍女人其谁？

幸福只是一种感觉？NO！为感觉埋单，只会让女人越活越不明白。好命的女人，不要幸福的感觉，而要可以掌控的实实在在的幸福。幸福需要用心去获取和经营，而不是旁观、臆想。我们认为：有气质、优雅、睿智的女人才幸福；左右逢源、社交圆融的女人才幸福；拥有爱情、被人疼爱的女人才幸福；科学消费、善于理财的女人才幸福；喜欢学习、与时俱进的女人才幸福；有个人空间、活得真实的女人才幸福。说，向来是很简单的事情，问题的关键是怎么做？对于幸福，我们从未停止追逐的脚步，但幸福却不会自己来敲门，我们需要做的是，怀着对幸福的希望，主动去学习人生的幸福投资课，慢慢开启"幸福号"航船，踏上寻找幸福的芳香之旅。等我们到达彼岸、追思过去时，我们会觉得自己是幸福的。

愿本书对全天下的女人都有所启示，有所裨益。也祝愿全天下的女人都能找到且掌控本该属于自己的幸福！

目 录 /contents

第一章　良好修养，锻造内在气质风景线　/001

　　　　女人有气质，连上帝都不会拒绝　/002

　　　　要懂得静下心来聆听爱的声音　/005

　　　　有爱心的女人最美丽　/007

　　　　优雅的举止远比姣好的容貌更重要　/010

　　　　摒弃遭人嫌弃的女性特征　/013

　　　　告别天真，成为一个知性熟女　/017

　　　　每天要送给自己一个微笑　/020

　　　　学会绽放妖娆　/023

　　　　重新认识你自己　/026

　　　　真诚地对待过程，豁达地看待结局　/029

第二章　要漂亮也要智慧，新时代女人的七彩风情　/033

　　　　不再相信南瓜车、水晶鞋的童话　/034

　　　　做一个真正为自己活的"三不女人"　/036

　　　　拥有童心就永远不会变老　/039

懂得幽默的女人肯定是睿智的女人 /042

只有懂得珍惜的女人才会真正获得快乐 /045

在失去中学会面对，学会成长 /048

幸福的本质，不在于追逐，而在于品味 /051

简单是一种美丽的生活 /054

完美害死人 /057

岁月让女人变得淡然与从容 /060

活出自己的魅力 /064

解脱烦恼，卸掉沉重的枷锁 /067

用理智控制自己的情绪 /070

第三章 熟谙社交艺术，才能少走弯路 /075

学会处世，将从淡写在脸上 /076

给人一个良好的第一印象 /078

优雅的形象让你在各种社交场合都是焦点 /082

不要和陌生人说话？ /086

成为光芒四射的 Party 女王 /091

适当的距离，是心灵需要的氧气 /093

善于为周围的人解围、打圆场 /097

事情能不能办成，在于你认识谁 /102

擦亮眼睛找对人，与高水平的人交往 /105

第四章　其实你们的爱没有那么深，为自己的幸福负责　/107

　　男追女，隔座山，女追男，隔层纱　/108

　　是一次爱够还是分期付爱　/113

　　在你找到王子之前，你得亲吻无数青蛙　/118

　　找一个靠谱的恋人一起奋斗　/122

　　少一点吹毛求疵，多一点欣赏和赞美　/127

　　爱情，既不能勉强，也不能凑合　/131

　　爱情诚可贵，自由价更高　/135

　　相互搀扶，才意味着幸福　/140

第五章　正确对待财富，别让金钱妨碍幸福　/147

　　聪明的女人，不仅要会赚钱，还要会管钱、让钱生钱　/148

　　女人要自立，不把自身押在男人身上　/153

　　女人就是要有属于自己的钱　/156

　　不做"月光族"要做"守财奴"　/160

　　按需埋单，不要把购物变为负担　/165

　　是AA制还是轮流请客　/168

　　不要独揽财政大权　/171

　　学会投资理财，尽早规划自己的财富人生　/174

　　为自己存一笔可观的钱　/177

　　创造属于自己的房子　/180

第六章 腹有诗书气自华，永不过时的"气质提升剂" /183

读书让女人气若春兰 /184

书是女人气质的时装，不老的底蕴 /189

每本书里都有精彩的内容 /194

随时随地学习有用的知识 /199

不断用新知识充实自己，做知识的富有者 /201

在不断的学习中发现学习的乐趣 /204

第七章 有自己的个人空间，活出最真实的自我 /209

每天留出十分钟安静独处 /210

尝试独居的滋味 /213

没有爱好是件可怕的事 /216

"乐，是自找的！" /218

追求一种与爱情、婚姻、男人、事业无关的信仰 /221

与同性朋友保持友好的关系 /223

选择朋友就是选择命运 /226

世界永远属于精彩者 /229

>>> chapter

01

第一章

良好修养,锻造内在气质风景线

在现实生活中,几乎所有的男人都喜欢与有气质有修养的女性相处,那是因为男人从骨子里喜欢内涵丰富美好的女人。即便是容颜稍逊,也同样能博得男性的拥戴。如果想要提升自己的气质,做到气质出众,就要不断提高自己的知识、品德修养,不断丰富自己。

女人有气质，连上帝都不会拒绝

> 气质之美与其说是来自内心的修养，不如说它是来自一种对美好事物的欣赏能力。这份欣赏力就使一个人的言谈举止不同流俗。
>
> ——罗兰

你是否听过这样一种说法，法国女人想要的一切，连上帝都不会拒绝，因为她们得天独厚的气质美让上帝都嫉妒和感动。气质对于女人来说，就好像阳光、空气和水对于生命一样重要。美丽可以与生俱来，气质却不是天生的，它是从骨子里透露出来的美，它是靠后天修炼而成的结果。在现代先进的科学技术下，一个不美的女人可以通过整形手术改造成"美女"，可是到最后不过是一场虚伪而肤浅的梦罢了。而一个有着空谷芝兰般馥郁芬芳的优雅女人，即使没有出众的容貌，依然会让人折服。

在日常生活中，我们经常可以看到这样的女人，披金戴银，名牌在身，却无论怎么看都觉得俗气，这是因为，女人的气质是需要内外兼修、形神兼具的，内在神气充盈，外形自然可以魅力十足，外形修饰臻于完美也可以促进内在气质的完善。一个女人如果缺乏内涵，她的审美能力、审美品位就不会高，穿着装饰自然也就难以协调了。那么，如何才能修炼出与众不同的气质呢？

女人的气质是集外貌、举止、品位、修养、情趣、内涵等于一身的外在表现，它显于形而驻于心，不仅需要你长期的精心雕琢和潜心修炼，还需要拥有深厚的文化底蕴，并且还会随着年龄不断地成长。

首先，一定要真实，不要一味地掩饰自己的不足之处，不要总是隐藏自己的真性情，这样不仅让人看起来很做作，长期以往，还会被视为冷漠无情。喜怒哀乐自然流露会让人觉得你很真实，要知道，只有真实的人才可以打动别人，才是最有魅力的人。

第二，打扮一定要得体。追求美是女人永恒不变的主题，但是有些人却因为求美心切过分地打扮，正所谓过犹不及，不得体的打扮会让人觉得很不舒服。诚然，女人的气质是离不开打扮的，无论多么丰富的内涵，多么充实的底蕴，都必须以外形为依托。所以，女人应该懂得如何打扮自己，这是女人必须具备的基本素质。另外，在社交场合，必须注意仪表的端庄整洁，适当的修饰与打扮是应该的，切忌邋邋遢遢、不修边幅。

第三，一定要温柔。在女性的词典里，温柔永远是分量最重的词语。无论多么完美的女人，都需要以温柔作为传递的媒介来展示她的气质和魅力。遇事忍让，对人和蔼体贴，心胸开朗，豁然大度，温柔的女性总是能润物细无声，淋漓尽致地展现自己的阴柔之美。

　　第四，一定要不断地充实自己。常言说，书中自有颜如玉，这句话其实就是在告诉女人，经常保持读书学习，就能从书中得到一副如玉的容颜，并且这种容颜不仅不会随时光的流逝而老去，还会随着年龄的增长而愈发拥有魅力。另外，时常听一听经典音乐，欣赏一下名画，或者尝试写作。音乐可以让你接近灵魂，写作让你丰富自我，绘画可以提高你的审美也可以提升自身的审美品位，让你的艺术气质愈发显得高贵典雅。

　　修炼气质美女，美丽从现在开始！

要懂得静下心来聆听爱的声音

耳朵是通向心灵的道路。

——伏尔泰

有多久没有一家人围坐在一起吃顿饭、聊聊天了？有多久没有给牵挂你的父母送去一声问候了？有多久没有陪爱人孩子逛逛公园了？有多久没有拿起笔写下自己的心情了？又为何感觉这一切都是那么遥远？

这是一个竞争激烈的社会，热情、冲动、焦躁不安充斥着我们的世界，生活的压力让我们无法放松心情，飞快的节奏让我们无暇驻足，可是你可曾注意到父母眼中的留恋？你可曾注意到孩子眼中的委屈？你可曾注意到爱人眼中的无奈？

停下你匆匆的脚步吧，女人要懂得静下心来聆听爱的声音。

只有聆听，才能懂得世上最美好的爱，只有懂得才知道去爱，随着时间的流逝，人与人之间缺少的往往就是这最珍贵的爱。懂得是一种包容，是一种理解，它可以渗入到你的灵魂，让你变得丰满充盈。

曾经，我们是那么轻狂，以为激情可以代替一切，爱就要爱得死去活来，爱就要爱得忘乎所以。可是，在我们执着于追求极致的繁华之后，在一切喧嚣归于平静之后，我们却感到了无助与寂寞，我们错过了身边最真实的风景，爱情在灯红酒绿中流逝了，父母在我们的热闹中衰老了。这都是因为我们的任性，因为我们拒绝聆听，造成了多少伤心，造成了多少误会啊！慢慢地坐下来，静静地思考，心中是那么痛，因为我们的无知，因为我们的不懂，又错过了多少美好啊！

女人应该懂得聆听，听一听父母的唠叨，听一听爱人的需要，听一听孩子的请求，更需要听一听来自对方的爱。

懂得聆听可以使我们知道对方的需要，懂得聆听可以让我们的内心变得平静，懂得聆听可以让我们的思想更加丰富，懂得聆听可以让我们的爱更加绵长。懂得聆听不仅是彼此间的一种需要，也是彼此间激情的创造，因为爱只有在相互间的聆听下才会互相理解，当你懂得了这一点，你就可以真正地体会到何谓大爱。

女人要懂得聆听爱，只要你用心聆听，一切美丽都会翩然而至；只要你用心聆听，幸福就会永远相随；只要你用心聆听，你就能活得快乐而充实。

有时间不妨走进寺院，去听一听那清悠的梵唱，去倾听一下心灵深处的那份纯净与虔诚，你会体会到那一种神圣的庄严，这庄严中包含的都是深深地对众生的爱，你听到了吗？

有爱心的女人最美丽

> 女人的美丽不存在于她的服饰、她的珠宝、她的发型之中;女人的美丽必须从她的眼睛中找到,因为这才是她的心灵之窗与爱心之房。
>
> ——奥黛丽·赫本

充满爱心的女人,必定是一个魅力无穷的女人。有爱心的女人是美丽的,有爱心的女人是精致的。爱心和美丽是紧密相连的,没有爱心的女人即使外表光鲜亮丽,在人们心目中也是丑陋不堪的。充满爱心、心地善良是成为美丽女人的首要条件。

有饱满的热情和真诚的爱心的女人,外表并不一定十分出众,却一定有自己独特的魅力。她们对长辈、亲人、孩子、朋友、同事,以及周围一切可以面对的人都有一颗善良的爱心,总是默默关爱、帮助他人。她会对不幸的人给予深深的同情和帮助,甚至会为风雨中飘摇的小猫儿潸然泪下。

在人们的心中,戴安娜王妃是美丽的,但她的美不仅洋溢于外表,更因为她内心的善良。战争过后的废墟中,戴安娜王妃抱着被炸断双腿的小女孩,眼含热泪;在贫穷的非洲大地,她亲吻患有艾滋病的儿童，没有一丝畏惧和恐慌……戴安娜征服全世界民众的秘密就是她那充满爱心的眼神。

俗话说：至善方能至美。女人一定要拥有爱心，只要心中涌动着爱的暖流，就能像甘泉一样滋润着他人的内心。要用女性的温柔来关爱身边的每一个人，把充满爱心的笑容给亲人和朋友。

充满爱心的女人，必定是一个可爱的女人。也许这样的女人并不漂亮，但她会因为可爱而美丽。只要有爱心的女人，都是最美丽的天使，就像和煦的春风，吹在人们的心头，暖暖的。

奥黛丽·赫本，著名影星，奥斯卡影后，世人敬仰她为"人间天使"。她集美丽和爱心于一身，成为众多女人争相效仿的榜样。她晚年投身于慈善事业，是联合国儿童基金会亲善大使的代表，曾被授予"总统自由勋章"。她经常举办一些音乐会和募捐慰问活动，造访一些贫穷地区的儿童，足迹遍及亚非拉许多国家。她曾经以重病之躯赴索马里看望因饥饿而面临死亡的儿童。赫本曾说："世界正变得越来越小，人们之间的接触也越来越频繁。富有的人有义务、有责任去帮助那些一无所有的人。"这么多年以来，凡是评选最完美的女明星，赫本总是高居榜首，这不仅因为她有着一副甜美清纯的容颜以及优雅高贵的气质，更是因为她有着一颗仁爱之心。

女人千万不要因为这样或那样的原因而变得冷漠，如果女人将自己的爱心之窗紧紧关闭，那么她的心将是一片荒芜的沙漠，没有生机，没有绿色。

女人要从爱身边的亲人朋友开始做起，关爱身边的一切。只有充满爱心，才会收获美丽；只有奉献关怀，才会获得温情。

优雅的举止远比姣好的容貌更重要

> 贵族的气质是可以培养的,只要你在生活中的一点一滴都足够用心。
>
> ——题记

每当我们看着银屏上的明星,不由得就会羡慕她们那娇美的面容、魔鬼般的身材,暗恨老天的不公,自己为什么就没有这些呢?其实,如果你仔细观察,就会发现,一个相貌和身材俱佳的美女,如果举手投足的姿态不够优美,魅力就会大打折扣,而那些相貌身材普通但举止优雅的女性却可以显出更大的魅力。对于女人来说,优雅的举止远比姣好的容貌更重要。

一个女人,如果没有姣好的容颜,如果身材不够完美,那么不妨试着让自己的举止变得优美,同样可以凸显出高雅的气质。那么,女性怎样才能拥有优美的举止呢?

女人要明白,你的行、立、坐、走都是优雅气质的重要体现,这要从日常的一点一滴做起。养成习惯,拥有优美的举止,是你胜利走向成功的一半。

抬起头,敢于展现自己,时刻展现你的自信,是塑造优美举止的第一步。在生活中，我们发现，如果经常低着头，整个身体就会显得特别松弛，这样就会给人一种萎靡不振的感觉。相反，如果昂起头，就会让人觉得你非常自信、神采飞扬。而且，抬头会使面部轻微向上扬起，面部血液循环流畅，使皮肤变得更加紧致、红润、健康。

双肩打开，秀出优美的肩部曲线。你是否注意到，如果两肩紧缩，肩胛骨就会特别突出，这样不仅姿态不够优美，还会给人一种缩头缩脑的感觉。相反，如若把肩打开，胸部就会自然上挺，手臂和背部也就会处于同一平面，肩胛骨也不会向外突出，从侧面来看，你的从颈部到肩部的线条就会显得修长而优美，整个人也显得从容大方起来。

背部挺直，凸显女性的优雅和高贵。在现实生活中，我们时常可以看到弯腰驼背的女性，这样的女性不仅是看起来猥琐卑微，还会给人一种不自信的感觉。要知道优美的背部曲线是女性性感的标志之一，因此，我们必须保持挺拔的背部曲线。即便是在公众场合需要鞠躬时，也要挺直腰背，这样才显得不卑不亢、优雅而高贵。另外，在捡东西时，也不要弯腰弓背、臀部高抬地去捡，这样的姿态既不雅观也不礼貌。这时你应该一只脚向前迈一小步，然后慢慢蹲下，双膝并拢，再伸手去捡，即使这时上身也要保持直立。

双手的姿态自然柔和，显现女性的娇柔之美。有的女性习惯性握拳或者五指并拢，这样就会显得中性化，失去了女性的特点。十指紧扣会让人感觉紧张和拘谨，这样的动作会让人觉得你不自信，反之，十指松开一些，会感觉比较放松，气定神闲。良好的手部姿态可以让女性显得温柔而妩媚，平常你可将食指与后面三个手指自然分开，这会显得手指修长，手部线条柔美，这样整个人也显得优雅起来。

  女性想要拥有优美的举止，就要在日常生活的待人接物、举手投足间养成好习惯，走路稳重而不失优美，说话谦虚而不失从容，穿着得体而又时尚，要时时有意识地注意抬头挺胸收腹，精神抖擞，这样我们不仅可以拥有良好的体态，还可以提升自己女性的气质，使我们的举止变得优雅而性感。

摒弃遭人嫌弃的女性特征

> 如果一个女人被大多数人所嫌弃,那么她将一无所有。
>
> ——题记

在现实生活中,我们总是会看到这样一个现象:某些女性特征很明显的女性,风姿卓越,也很会外显自己的优势,但就是出奇地招人讨厌,不招同性待见,也不讨男人欢心。女人有作为女人的可爱之处,也有一些让人嫌弃的地方。任何女人,在千方百计地想法利用自己的红颜资本之前,要做好减法的准备工作,注意屏蔽一些人前大减分的特征:

○"公主病"

几乎每个女人心里都藏着一个"公主梦",总觉得自己跟个公主似的,被周围的人捧着、呵护着,做永远的"大小姐"。殊不知,"公主病"是一剂社交毒药,会令女人在社交中不招人待见。

○孤芳自赏

任何人潜意识深处都是争强好胜的,自负正是人的本性之一。女人太优秀,是一种美丽的错误,会招致意想不到的结果。如果一个男人很优秀，那么所有他身边的男人们都会以他为榜样，效仿他的成功；而他身边的女人们都会对他抱有一种崇拜的心态，愿意簇拥在他身边。然而，如果一个女人很优秀，那么她身边的男人们都会很敬佩她，但却会对她敬而远之；而她身边的女人们却会大多对她抱有一种嫉妒的心态。这时候，如果优秀的女性不懂得谦虚，那就惨了。锋芒毕露必遭人忌，最高明的方法就是把自己装扮起来，使世人一想到你就与某种特定的形象联系在一起，而忘记了你的真实形象。因为人们习惯于同情弱者，对过于完美的人和事总是心怀警戒，暴露些小缺点，出点洋相，反而可以增强你的亲和力。示弱能使处境不如自己的人保持心态平衡，有利于人际交往。

○过于小心眼

偶尔表现出小心眼的女人，是非常可爱的，但是经常耍小心眼，就让人招架不住了。过于小心眼的女人，反复无常、情绪剧烈波动是常事，往往会因为一句话寻思个三五天，会因为一件事在心里窝上几个月，敏感多疑，总拿白眼看人，狠话噎人，泪眼闹人，对男人总说着言不由衷的话，让其使劲猜，人人都会觉得和这样的女人在一起太累。

○行为粗放

女人生活作风方面表现不雅，最让人无法接受，譬如不爱卫生、流里流气、生活习惯不好、作风散漫、不勤俭、马大哈、不拘小节等。一边看书一边张大着嘴、打哈欠的女人，男人会唯恐躲之不及。

○搬弄是非

喜好挑拨是非的女人，耳朵能从东家贴到西家，舌头能从张家伸到李家。舌根底下压死人，无事生非，捕风捉影，添油加醋，尽其所能，乐此不疲。这样的女人见不得别人比自己好，见不得别人高兴，天生喜欢幸灾乐祸，心里永远都不平衡。

○利用男人

有些女人喜欢动不动就利用男人来为自己做点儿什么事。所有的男人都很讨厌把自己当作工具来使用的女人，虽然还是不断有男人上这种女人的当。

○占小便宜

女人多会在细节上犯错误，比如掩饰不住的贪占小便宜心。偶尔禁不住诱惑，情有可原，但是多了就影响不好了。上班偷打公司电话，厚着脸非要让男士请客上饭店，这两种事情，女性千万不要做。

○好为人师

一些女性总做出一副懂生活的模样，俨然以对生活懂得很多的样子自居，干涉并指导别人生活。不顾别人心里的反感，总是把别人当作什么也不懂的人来开导，实在令人心里生厌。

○无进取心

不要说男人不上进没有出息，女人不上进男人其实也很不喜欢。表面上看男人喜欢花瓶女，事实上仅限于观赏，真正干活的时候，男人也是要女人能在边帮忙的。专门钓男人的女人，学而无术，或者根本就一辈子不学一技，除了爹娘给的一张俏脸再一无所长，这样的女人是可悲的。一个人要是不上进，可以为自己找出一万条理由，对于女人，这似乎是最天经地义的一条，最容易原谅自己的一条理由。无奈，如今的世界变化快，眼看这样的女人很多变成弃妇——怨妇。这样的女人叫人可怜，却不叫人爱。

〇缺乏公德

最可憎的女人，无疑属于心肠歹毒的女人。这样的女人宁愿宠爱一条狗，不愿善待自己的保姆，没有一丝爱心；体魄健壮，不肯为怀孕的女人让一个座位；乱买衣服，不肯为失学的孩子捐一分钱；自己锦衣玉食，却让父母双亲或公公婆婆吃残羹剩饭，穿破衣烂衫。

女人遭人嫌弃，品格特征是第一要素，其次才是心理因素、能力因素、生理因素等。一个女人成就好人缘儿，还是男女两生厌，取决于自己。

告别天真,成为一个知性熟女

　　理想的人物不仅要在物质需要的满足上,还要在精神旨趣的满足上得到表现。

　　　　　　　　　　　　　　　　　　　　　　——黑格尔

　　《红楼梦》中贾宝玉经常说:"女儿是水做的骨肉,男人是泥做的骨肉,我见了女儿便清爽……"诚然,女人如水,天真年轻的女孩就如那山涧的清泉,欢快而轻盈,绽放着青春的活力,那么年纪大的女人呢?年纪大的女人,经历了爱情的洗礼、家庭的熏陶、事业的挑战,这时的女人已然完全换了一种处世哲学,换了一种思考习惯,换了一种人生感悟,这就是成熟知性的女性,她们就如那宽阔平稳的江海,虽然少了迸溅的浪花,少了炫目的色彩,可是却婉约有致,内涵丰富,这样的女人更加令人陶醉。

　　年纪大了以后,女人就要告别天真,不要再像女孩子一样为失恋而哭泣,不要再为生活的琐事而烦恼,也不要像女孩子一样再去发嗲撒娇。而三十岁,是女人年龄的一个分水岭,三十以后,女人就要如那窖藏多年的陈酿,浓烈而又醇香,你可以拥有很好的事业，但又不能同于那世俗意义上的女强人，你要充满知性的柔和与美丽，工作积极但又不失女人味，既不要像小女孩般单纯，也不要如老女人般狭隘，成熟、理性、睿智、大气，应该是你的标志，这便是知性熟女。

在当今社会，似乎一切都成了商品，甚至连女性的青春和美貌也成为了一种特殊的商品，且不说各地方台的"选美"、超女PK，铺天盖地的海选占据了人们的眼球，就连女大学生找工作，容貌也成了一个重要的筹码。可是，青春易逝，红颜易老，当青春和美貌不再时，人们发现在知性熟女的身上，时间不再那么恐怖，岁月反倒成了塑造她们并使其内在品质彰显的魔术师。她们把女性的文化底蕴和自身的美丽性感完美地融合在一起，优雅大方，魅力四射。

最受人关注的影视娱乐圈中，多少美女俊男如昙花一现，要知道单凭外形来吸引观众眼球的，并不能长久。与之相对的，像杨澜、胡因梦、刘若英等，虽然算不上国色天香，可是她们很有才情，温和、清爽、睿智、真实，所以她们就可以经久不衰，一如那淡淡的清茶，芬芳温润，愈品愈香浓。

杨澜堪称职业女性的典范，集编导、主持于一身，端庄优雅；胡因梦有着许多著作和翻译作品；刘若英的词曲并不亚于她的歌声，这些女性都是以自己的才情而不仅仅是容貌赢得了人们的尊敬，为世人瞩目。她们感性而不张狂，典雅而不失孤傲，内敛而不失幽默，时尚、自信、大度、聪明、睿智，懂得爱惜自己，也懂得尊重别人，就如那久经雕琢的璞玉，经过了岁月的打磨，圆润而剔透，让人感受到延绵不绝的美丽。

年纪大了以后，女人就要做这样的女人，不再为人生的失落和挫折而大喜大悲，不再为爱情的跌宕起伏而沉沦，好好地修炼自己，让自己的内涵丰富起来，让自己变得秀外慧中，成为优雅的知性熟女。

每天要送给自己一个微笑

> 女人出门若忘了化妆,最好的补救方法便是亮出你的微笑。
>
> ——世界顶级名模辛迪·克劳馥

面对家庭的辛劳、工作的压力,想做一个自信且快乐的女人,是非常不容易的。人生一世,难免会遇到这样或者那样不顺心的事情,生活中,有晴天,有雨天,也有阴天,如果每天给自己一个从容的微笑,你会发现,微笑的世界中充满着多姿多彩,充满着快乐充实,充满着生机和希望。女人送给自己的微笑就像灿烂的暖阳一样,不仅将自己的心灵照得暖洋洋的,还能将温暖送给其他人。

笑待他人是艺术,笑待自己是智慧。每天都要有好心情,把微笑送给自己,让心情放假,收获的不仅仅是一份从容,更多的是一种对生活的积极态度,一种发自内心的坦然。

每天给自己一个微笑,心情会更加舒畅,心胸会更加开阔。每天送给自己微笑的女人懂得感谢生活给她们的磨砺和曲折,同时,她们保持快乐、愉悦的心情,用积极的态度面对人生的挫折。

心情好了，自然一切都会好。

女人总是多愁善感的，很容易被环境所影响而陷入苦恼，甚至是忧郁，这个时候，女人应该学会自我调节，给自己一个好的心情。最直接有效的办法就是每天出门时，对着镜子，给自己一个充满自信的灿烂微笑。世上没有任何人能一辈子不遇到烦心事，没有人能一辈子不经历坎坷，如果遇到这种事情就陷入自我的"死胡同"而无法自拔，很可能被悲观、颓废情绪影响，只有尽快把自己从坏情绪中解脱出来才是最重要的。

俗话说"世间本无事，庸人自扰之"，很多情况下，女人由于生理特征的原因，情感细腻，把很多事情想得过于严重，不会给自己减压，使自己在特定环境下陷入自己的情绪圈子里走不出来。女人经常会把一个小结果在想象的空间里无限扩大，虽然事情最终没有出现多大问题，但也会"钻牛角尖"，使自己的心情变得很糟糕。其实仔细想想，事情哪有那么糟糕？

送给自己一个微笑，能为每天的奔波忙碌减压。不要因为生活的平凡而长吁短叹，更不要因为没有显赫的地位而悲哀落泪，使自己的心情充满着沮丧和叹息。其实，在人生的道路上，只要为创造自己美好的人生尽了最大的努力，就已经足够了，实现了人生的价值，虽然结果有时并不完全由女人自己决定。

"谋事在人，成事在天"。人生没有绝对的成功和失败，只要自己对自己满意，那就是一种快乐和幸福。只要女人可以主宰自己能掌握的那一部分，并且竭力把它做到最好，就足以为自己鼓掌喝彩。

华盛顿说过，一切的和谐与平衡、健康与健美、成功与幸福，都是由乐观与希望的向上心理产生与造成的。人生的航船在大海里，历经风浪，伤痕累累，只有及时调整航向，完善船身，才能继续远航。

在生命的旅途中，女人要有这样一种风度：失败和挫折，不过只是一个回忆，一个跌倒重新爬起来不会犯同样错误的新起点。失败不但不会增加生命的负重，还会成为人生一份珍贵的礼物。在失败中仍然露出笑容，那才是女人最值得骄傲和自豪的地方。

美丽优雅的女人，每天要送给自己一个微笑。保持一份优雅的心境，维护一份灿烂的心情，为自己送上一个自信的微笑，你就会拥有一份从容的人生。

学会绽放妖娆

女人，要对自己的人生负责。

——题记

妖娆妩媚，风情万种，一个女子天生就是一种妖，可以沁人心脾的妖。只不过随着岁月的流逝，亦或是自我修炼的不到位，才使我们变得世俗起来。作为女人，应该知道妖娆是一种魅力，一种人生的魅力，一种可以让自己更加美丽、更加具有吸引力的魅力。

上帝对女人是如此的眷恋，它赐予了女人美丽的容颜、如水的性格、百灵般的声音、娇柔的身材……每一个女子都会因此而感到骄傲，从而信心百倍，从里到外透出的全是自信。可是，随着年龄的增长，许多女人失去了原有的美丽与魅力，于是惶恐起来，难道这真是岁月惹的祸？还是自身的修炼不够？有人说，随着年龄的增长，女人得到的是上苍赋予的美丽；但魅力，却要靠自己来修炼。毋庸置疑的是，淡淡的妖娆恰恰是每一个女人必须拥有的气质。因为妖娆是个百转千回的词，"妖"意味着娇媚，

"娆"则意味着缠绵。如果一个女人不知道如何绽放自己的美丽，那就如同一朵没有开过的花，如何来体会做女人的精彩？

女人就是一朵花，未长大之前，含苞未放还可以称之为矜持；长大以后，就一定要学会勇敢地绽放，让绽放的花朵释放出诱人的香气，让绽放出来的妖娆打扮万种风情，让绽放出来的妖娆衬托十足的女人味道。

也许有人会说，绽放妖娆？那不成了妖精了？我才不要！可是你可明白，女人如果缺少了女人味，那又将是何等的遗憾呀？同样你也该明白，妖娆绝对不等于妖气。

假如说天生丽质是上天赋予的，那么女人味则需要自己来修炼，你的容貌再漂亮，如果缺少了一种女人的味道，那就好似没有灵魂的山峰，山势再高，也难以闻名天下。同样一个女人也不一定非得拥有美丽的容颜，只要你有一种味道，一种女人的味道，就可以绽放出那沁人心脾的魅力。

学会绽放妖娆，并不是说需要修炼的仅仅是你的外表。当然，服装搭配的技巧、恰到好处的首饰装饰、适宜的皮肤护理等等都是必不可少的，视觉审美毕竟是第一步嘛。不过，同样你也得明白，只修炼外表，不修炼内心，那也只不过是一具没有灵魂的空皮囊。古人有言"腹有诗书气自华"，一点没错，再娇美的容颜也难以抵挡岁月的侵蚀，唯有气质却可以随着时间的沉淀，逐渐地浸入骨髓，这就如同那陈年佳酿，只有经过岁月的发酵才会有沁人的香气。优雅的女人一定要爱读书、爱听歌、爱运动。读书多了，会使我们变得睿智；爱听歌，心中就会永远年轻爱美；喜欢运动则能保持朝气蓬勃。这样，从里到外都渗出那淡淡的女人味道，这样的美丽又有谁能够比得上？

去做一个妖娆的女人吧，服饰得体、举止优雅、处世圆润……妖娆地绽放属于女人的魅力吧！

重新认识你自己

> 一个拥有坚强自我的人,永远是最可信和值得尊重的。
>
> ——题记

人的一生都是在不停地学习和积累中度过的。经过的事,走过的路,读过的书,都会在我们身心上留下痕迹。在人生的河床上,不断翻滚磕碰,被岁月的潮水一点点磨去棱角、消去斗志,逐渐成了鹅卵石。我们的本质变得坚硬,然而,越来越相似的形状,让我们迷惑,让我们忘记了自己原本的样子。

没有人愿意随波逐流,但是,也没有谁能完全自主全部地去生活。我们的生活,一半是自己努力塑造着,另一半却被不知名的力量掌控着,这大概就叫做命运。有些时候,妥协是生存的必需,但是再大的困境和打击都没理由让我们放弃自我。

前阵子刚看过《回家的诱惑》,明知虚构,却还是有触目惊心之感。一个那么善良柔弱的女人,竟因为仇恨变得残忍贪婪,真是痛惜。其实从始至终,她都没找到自己。最初以贫困之境嫁入豪门,她选择卑微懦弱地活着,完全顺从别人的意愿;生活的突然打击，她选择了一个复仇女神的角色复活，选择攫取、欺骗、伤害，说到底还是个用别人的错误惩罚自己的可怜虫罢了。一切的悲剧，不是来自那个背叛的男人，而是她自身，从未找到自我。

女人，年过三十，该经历的已经经历了大半，是时候停下来，静静地审视内心，拂去心灵的尘埃，做回原本的自己了。这个过程，我们权且称为"回归自我"。

要做到本性的回归，首先必须认识自己。因为走得匆匆，我们的心灵已经蒙尘而来不及擦拭，只是任命运驱赶着不停前进。我们忙着去琢磨别人的心思，在职场、情场上花尽心思玩计谋，争取自己的利益最大化。现在，该花心思来认识一下自己了。那个曾经善良纯真的你，那个骄傲自信的你，那个总为别人着想的你，曾在现实面前被你一次次否定和改变，而现在看来，那个曾经的自己该是多么美好啊。

认识和认同了那个"本我"，下一步，就是扬弃和剥离那些掩盖本我的杂质，回复原本的自己。虽然命运还是会逼迫我们左右摇摆，但现在的你已具备了坚持自我的勇气和自我保护的能力，完全能够保有这个你认同了的自我。

认识、认同和扬弃都是基础，更重要的是坚持。现实的力量很强大，它总是试图以它的样子来塑造我们，而现在，你拥有了自我，你便有了根本，这个根本，让你不再随波逐流，不再人云亦云，不再被别人的言论左右。这个自我，让你认清了方向，并努力去实现；这个自我，也让你看清什么是你最珍贵的东西，你会更加珍惜和保护。

好吧，女人，不要怀疑，回归了自我，你就能够主宰自己的内心，你就是自己心灵的主人。

真诚地对待过程,豁达地看待结局

学会在变故面前不倒下。

——题记

随着年龄的增长,女人的角色悄悄发生了变化,原来父母细心呵护的宝贝,男人捧在手心的公主,现在悄然蜕变成日益老去的父母的依靠,成立不久的家庭的支柱,懵懂无知的孩童的全部。在新的角色下,女人没有机会也没有权利再撒娇、示弱,她们不得不学会在变故面前不倒下。

工作和生活可能会出现些许的不如意,也可能会遇到降级、解雇、离婚等变故,有的人面对变故,不知所措,从此一蹶不振;可是,有的人却能够轻松面对这些变故,很快便能重返生活的轨道。不同的人遭遇了同样的变故,应对结果却因人的不同而大相径庭。为什么会有这样的差别呢?关键是女人处在挑战和威胁下,是否具有应对变故的能力。有了这种能力,女人才会不怕挫折,从容应对。

优雅的女人,面对变故时要保持一种积极向上的态度。即使害怕失去，也要将微笑挂在脸上。遇到变故或身处尴尬状态时，不要一味躲闪，手足无措，或者指责他人，而要自我解嘲，想办法改变现有的状态。这时候的你绝对不可以失去信心，甚至愤世嫉俗，一副看破红尘的样子。无论什么样的变故，都要把它看做自己的一次超越和重生，看做是上帝对自己的考验。

想必大家都听说过靳羽西这个名字，她现任羽西化妆品公司副总裁，世界著名电视节目主持人、制作人，被誉为"化妆品王后"、畅销书作家、社会活动家。无论是面对感情，还是面对事业，靳羽西身上始终体现出一种健康的精神——真诚地对待过程，豁达地看待结局。正因为如此，在她遭遇离婚这场变故时，她并没有被残酷的现实所击倒，也没有像一般女人那样成天哭哭啼啼，认为自己的天空都塌陷了。相反，靳羽西积极投身于自己喜欢的事业之中，架起了一座中西方交流之桥，实现了自己的人生价值。她说："离婚让我更自由。"

优雅的女人，要学会抵制外界的诱惑，提高自身免疫力，学会好好保护自己，做到自尊自爱。当变故发生时，不妨努力使自己的心态保持平衡，吃不到葡萄时大可以对自己说葡萄是酸的，根本没必要把某些虚幻的东西太放在心上。

优雅的女人，千万不要将心事压抑在心。对你而言，家人是你遇到烦恼时的最好倾听者，永远守护在你身边。假如你工作不开心，说出来吧。宣泄不失为卸掉压力的好办法，女人们在前行中千万不要让过重的包袱压垮你的脊梁。

英国前首相丘吉尔曾说:"为了避免烦恼或者大脑的过度紧张,我们都要有一些爱好。"优雅的女人应该有自己的爱好,比如唱歌、练瑜伽、绘画等等,这些事情能调节我们紧张的情绪,缓解我们的压力,使我们在挫折来临时不被击垮。

>>> chapter

02

第二章

要漂亮也要智慧,新时代女人的七彩风情

女人要不断完善自我,学会倾听自己内心的声音,做懂生活、有灵性、有品位的智慧女人,用智慧安身、安心、安神,进而让生命更多彩,让生活更幸福。

不再相信南瓜车、水晶鞋的童话

世事洞明皆学问,人情练达即文章。

——曹雪芹《红楼梦》

从一个稚嫩的婴儿,到天真的女孩儿,到蜕变成成熟的女人,就像一只蝴蝶的美丽演化,女人完成了一生的华丽蜕变,所有的经历,教会她们思考,对于生活,对于责任,对于未来,她们都有了全新的认知。她们终于能够"达天知命,心如明镜"般澄澈。

她们不再相信南瓜车、水晶鞋的童话,她们知道,所有的收获都必须付出耕耘和汗水,即使真的有王子,也必会有公主与之并肩,披荆斩棘才能拥有幸福。

不再相信爱情可以当饭吃的谎言,明白了激情的烟花虽然绚丽,但绽放过后,还是要过柴米油盐、磕磕绊绊的真实生活,于是,她们认同了自己和伴侣的不完美,认同了生活的繁琐单调,并乐在其中。

新时代的女人懂得了责任,她们不再依赖父母和另一半的宠溺保护,而将责任主动抗在了稚嫩的肩上,虽没有了公主般的优越轻松，但她们却成为身边人可以信赖的伴侣。她们每一步变得踏实，每一天也更加充实。

新时代的女人，学会了宠辱不惊，如果成功，她们知道那是自己努力的结果；如果失败，她们相信是自己没有百分百付出。她们会用得体的微笑回报身边所有人，赞叹的、支持的，抑或嘲讽的、幸灾乐祸的。她们已能掌控自己的命运，又何必在乎那些冷眼流言？

新时代的女人笑看得失，她们相信，没有一样事物是天生属于谁的，"得之，我幸；不得，我命"。她们相信，自己失去的，会被得到的人加倍珍惜着；而自己得到的，也终将得到善待。

新时代的女人学会不再较真儿。她们已经知道，十全十美只是幻想，再好的人也有缺点，再美的愿望也难免缺憾，她们开始用宽容的心对待自己和身边的人，让大家都过得自在些，也让生活变得轻松些。

新时代的女人学会了感恩。她们从稚嫩的孩子身上，看到了父母的付出，也开始为父母的白发皱纹心疼，为父母的健康愉快做努力。她们宠爱着自己的孩子，就像父母当年所做的一样。拥有了感恩的心，她们成了更完整的女人。

新时代的女人，走踏实的路，做踏实的事，将身边的人和事看得透彻了很多。因为明了，所以达观；因为达观，所以宽容；因为宽容，便会有更多快乐。她们知道自己要什么，朝什么方向努力，她们也更懂得珍惜身边的一切，她们努力着、快乐着，将每一天都过得充实而精彩。

做一个真正为自己活的"三不女人"

> 黑夜给了我黑色的眼睛,我却用它来寻找光明。
>
> ——顾城

女人经历众多风雨后,少了几分艳丽,多了几许妩媚;少了几分张扬,多了几分内敛。成熟女性,爱情与事业的成功不再依靠那娇媚的容颜、温顺的性格和那事事争先的冲动,她们要想获得成功靠的绝对是由里到外的那种魅力——这是绝非一般的小丫头所能比的。

有人曾经给成熟女性下了一个定义:深藏不露、飘忽不定、捉摸不透。认为这样的女性才是最有吸引力的女人,于是也有人就认为,成熟的女人就要学会做这样的"三不女人"。诚然,这样的女性确实能够抓住男人那躁动的心,能够吸引男人的注意力,能够让男人牵肠挂肚、魂牵梦绕,可是,新时代的女人,还要为了吸引男人而活吗?还要为了去追求男人而委屈自己、改变自己吗?不能否认,做这样的"三不女人",确实是可以在同性竞争中占得优势,可是这就是我们的追求吗?

多年的经历，女人已经太累太苦，女人何曾为自己真正地活过一天？还要去为获得男人的心而掩藏自己的真性情吗？成熟以后，女人就应该挺起腰板真正地为自己活一次，要做就做一个真正为自己活的"三不女人"，做一个顶天立地的"三不女人"！

那么，这"三不"都是什么呢？那就是不追星、不盲从、不攀比。

不要再学那些少男少女"粉丝"们那么疯狂地追星了，你眼角的皱纹告诉你，这些活动已经不适合你了，作为成熟的女性，拿着签名纸挤在成百上千的少男少女中间，也许你会兴奋，也许你也狂热，可是在外人看来却是那么的不协调。所以，不要再去做追星一族了。与其花时间去追星，还不如塌下心来规划一下自己的将来。

女人在经历了许多之后，各方面也都趋于成熟，应该有了自己完整的世界观和价值观，不再人云亦云，不再是那个父母面前的听话宝宝，自然也不会是"嫁鸡随鸡嫁狗随狗"、一切听老公安排的好老婆了。无论做什么事情都要经过深思熟虑，不盲从也不冲动，经过岁月的磨砺，你有冷静而理智地做出自己判断的能力，相信自己，你能行！

心态渐趋平和，不要再事事与人攀比。房子比别人小不行，工资比别人低不干，儿子成绩不如同事的孩子不高兴……所有的一切都要拿来比一比，一旦比别人差心里就不痛快，抑郁在胸，没准还真生出病来。所以，女人要学会包容，一切顺其自然，拥有的就是最好的，这里不是说人应该甘于平庸、不求上进，只是在一些事情上没必要事事与人争，保持一颗平常心，可以让我们活得更快乐，生活得更幸福。

新时代的女人就要做这样的"三不女人"！不追星，因为我们足够自信；不盲从，因为我们有主见；不攀比，因为我们有更高的追求！

拥有童心就永远不会变老

上帝等待着人在智慧中重新获得童年。

——泰戈尔

有人说童心是对生活的一种态度，也是生命的一种境界，更是对生活、对世界的欣赏和热爱。这话说的没错，所以女人只要拥有年轻的心，就永远不会变老。女人不要担心青春不再，容颜渐老，只要童心依旧，永远是最有魅力的。

女人随着世事的沧桑、阅历的增加，是否在不知不觉中失去了童心，失去了棱角呢？是否变得圆滑，变得八面玲珑，做事一板一眼呢？只要拥有一颗童心，就拥有对生活的热爱以及乐观。相信每个女人都渴望拥有一颗"童心"，可是这并不是每个人都能够做到的。

生活就是一个调色板，有亮丽的颜色，也会有灰暗的颜色。走到终点，回头看一看自己走过的历程，却发觉在不知不觉中已经丢掉了自己的童心。工作的压力取代了童年的幻想，繁琐的生活消磨了女人最初的浪漫。现在的我们，与"天真"的距离越来越远了。

　　于是，女人学会了敷衍，学会了戴着面具生存，并背负了沉重的思想负担。可是，女人原本不该失去童心的，拥有一颗童心不会为女人换来名利和地位，可是它能够为女人换来生命的快乐，使女人更懂得感受生活和热爱生活。

　　女人拥有一颗童心，就会以儿童的眼光去看待这个世界，我们这个世界就会多一份纯洁，少一份圆滑。拥有一颗童心，就会拥有老于世故的人无法体会到的童趣，女人可以更加简单快乐地生活。

　　女人拥有一颗童心，她会把生活看得很简单，于是那些令人感到烦恼的小事情会烟消云散。即使生活中有恩怨存在，也会在一笑间冰释前嫌。拥有童心的女人知道什么是自己应该努力争取的，什么是应该放手的。无论失去还是得到，拥有童心的女人都能够享受生活的快乐。

　　俗语说："岁月如飞刀，刀刀催人老。"可是，时间改变的只能是女人的外貌，女人的内心却不会有丝毫的改变。因为拥有童心的女人永远都是乐观向上的，在她们的眼里，一切都是很美好的。童心未泯的女人拥有年轻的心态，她们不会随着时间的流逝而走向衰老。拥有童心的女人，即使以后变得鹤发童颜，走路颤颤巍巍，也一样拥有青春。

　　文学大师冰心老人一生写了大量文章，赢得了千百万读者的敬仰。她近80年从事文学创作和长寿的一个重要原因，就是始终保持着一颗纯净高洁的童心。

女人总是希望能够像儿童一样快乐地生活。因为拥有童心，她们看起来会更加年轻可爱，而不曾拥有童心的女人，即使容颜依旧，也一样是苍老的。

女人不要因为自己的年龄或者工作而改变拥有童心的念头，应该在劳碌的工作和生活之余，为自己保留一份童心，走好未来的路途。即使身份、责任，或者是其他太多的东西已经将这点童心压制成性格中很少的一部分，也一定不要彻底失去。因为拥有童心的女人是最真实，也是最具魅力的。

另外，女人也会因为拥有童心而获得很多学历、地位、金钱所不可及的幸福感。

懂得幽默的女人肯定是睿智的女人

　　一个懂得幽默的女人,不见得多美丽,但肯定是睿智豁达、善解人意的女人。

——艾莫

　　随着年龄的增长,有些女人往往变得更加敏感,看待问题也多倾向于现实的角度,观察事物更加谨慎认真,这样一来,有时候很容易把幽默和玩笑当真,让人觉得很尴尬。而且,由于女人的防卫心理本身就较男人要强,所以一旦遇到一些涉及自身生活与处境的玩笑,往往就会从自我保护的角度去考虑,而不把它当做玩笑。这些特点恰恰导致了女人时时刻刻处在紧张的戒备和防卫状态中,她们凡事较真,刻板无趣,更不要谈什么快乐了。

　　我们再来看那些脸上总是绽放着灿烂笑容的女人,看着她们的脸都会让人觉得幸福,她们往往都是一些幽默、睿智和豁达的女人。女人应该学会幽默,在幽默中享受快乐的生活。

　　真正聪明的女人懂得通过幽默来寻找和制造快乐。她们懂得什么时候应该认真谨慎,什么时候可以一笑了之;她们能够在无伤大雅的玩笑中获得快乐，并且带给别人快乐，而不会把幽默看得过于认真，自己不开心，也影响了别人的情绪。

新时代的女人都已经走出了家庭，在社会各个领域建立起了自己的事业，更有许多女性还是现代女性中的佼佼者，她们经历过岁月的磨练，在生活和工作的熔炉中沉淀出一种乐观豁达的人生态度，她们明白怎么巧妙地运用幽默为自己的人生添彩，她们知道如何用轻松自嘲的玩笑为自己的生活增加一抹亮色。对这些女性来说，幽默绝对不是那些无聊的调侃，幽默是生活中不可或缺的一种丰富的养料和调味品，它是人生的大智慧。

幽默可以让女人变得豁达开朗，面对生活中的挫折能够更加坦然，绝不会灰心丧气。相反，那些不懂得幽默的人，一旦遇到挫折或者困难，往往就是把自己置于一种怨天尤人、自哀自怜的氛围中，这样固然可以获得他人的同情和帮助，可是长此以往整个人就会显得情绪低落，看起来就如同一个怨妇，又有谁能够喜欢呢？而懂得幽默的女人则不然，她们往往能够口吐莲花，用幽默的语言轻松化解自己对环境的不满，从而很好地调节了自己的心情，以乐观向上的态度向困难进军。

懂得幽默的女人不但自己可以从中获得快乐，还可以带给身边的人无限的快乐，让大家觉得轻松舒心、温馨自在。女人若能时时地幽上一默，无论是自嘲，还是娱人，只你那乐呵呵的笑容就会让人感觉到俏皮、迷人。一个没有幽默感的女人，就好比鲜花失去了香味,清泉没有了源头,形虽具而神已散。

曾经有人说过,一个懂得幽默的女人,不见得多美丽,但一定是睿智的、善解人意的女人。这样的女人热爱生活、懂得生活、更会生活,她们会用幽默的方式来放松自己,为自己平凡的生活制造快乐。

如果你想让自己成为随时随地都快乐幸福的女人,那么就学会幽默吧!让自己在幽默中散发出无穷的魅力,更好地去享受生活的乐趣!

只有懂得珍惜的女人才会真正获得快乐

人要学着去珍惜。

——题记

只有懂得珍惜的女人才会真正获得快乐。女人应该珍惜自己的一切，包括身体、家庭、事业和朋友。这些都是女人最宝贵的财产，应该好好保管，不能随随便便去挥霍。

女人一定要珍惜自己，没结婚的女人更是如此。珍惜自己并不是指浑身上下都是名牌服装，也不是说必须使用名贵化妆品，而是说女人千万不能被男人的花言巧语欺骗，糊里糊涂就交出自己的身体。男人喜欢追求新鲜和刺激，一旦得到了女人的身体，就不再将女人放在心上，所以愚蠢的女人才会寄希望于用身体来拴住男人。聪明的女人千万要珍惜自己，做到自尊自爱。只有这样，男人才会将你放在手心，才会从心底珍惜你。作为女人，尤其是离婚的女人，更要懂得善待自己。不要总是唉声叹气，那样做只会让自己的情况更糟糕。可能会使自己更加苍老，或者失掉重新找到幸福的勇气。如果自己都把自己放弃了，那还会有幸福吗？

　　女人一定要珍惜自己的家庭，好好经营，千万不能一时糊涂，将自己辛苦成立的小家搞得支离破碎。女人当然可以有自己的蓝颜知己，也可以与自己的蓝颜去"约会"。但是，女人一定要记得：家才是你避风的港湾，家里有最亲密的人在等待，一定要准时回到家中。

　　女人一定要珍惜自己的事业，好好对待自己的工作。女人的工作可以不风光，也可以薪水很低，但最起码，有工作的女人经济上是独立的。只有在经济上独立，女人才可以真正实现独立。女人自己挣钱，哪怕很少，至少不用在买衣服或者化妆品的时候再看男人的脸色，至少在和男人闹别扭的时候，可以理直气壮地说："我自己养活自己。"杨澜在事业上是一个成功者，相信也是很多女人的偶像。虽然已是两个孩子的母亲，可是仍然很珍惜自己的事业，主持《杨澜工作室》《杨澜访谈录》等知名栏目，并曾当选为"亚洲二十位社会与文化领袖"、"能推动中国前进、重塑中国形象的十二位代表人物"。正因为杨澜珍惜自己的事业，她才能够在职场上叱咤风云。

　　女人还要珍惜自己的朋友，别把爱情永远放在第一位，也不要认为自己有了男朋友或者老公就可以将朋友撇在一旁。如果女人疏远了自己的朋友，可能在某一天，女人和男友或者老公闹别扭时，身边连一个可以倾诉的对象也没有。所以，如果你是个聪明的女人，一定要珍惜肯听自己倾诉、能为自己出谋划策的朋友，记得常与自己的朋友保持联系。不管情况发生了什么变化，也不管你是否恋爱、结婚，甚至生孩子，如果你遇到了困难，肯定有朋友来帮你。

　　如果你能珍惜现有的一切，相信你会收获比别人多很多的甜蜜和快乐。

在失去中学会面对,学会成长

> 智者在失去中学会珍惜,枭雄在失去中学会舍弃。
>
> ——题记

早晨起来,对着镜子,当你发现眼角那若隐若现的细纹,你是否会感叹青春的流失?晚上你准备了一桌饭菜,热切地等待上学的儿子回家,儿子回来后却急于去找伙伴玩,你是否会感到失落?情人节,你孤独地一个人用餐,老公却不知已去何处逍遥,你是否会觉得心伤?

现实总是这样残酷,失去,这是多么令人痛心的词语啊!失去,曾经是那么的简单。二十左右的时候,我们可以潇洒地说:旧的不去新的不来。可是,随着年龄的增长,我们发现,有一些事物一旦失去就是永远。这残酷的现实,让我们既无力面对,又不得不去面对,这中间的无奈,又有谁说得清呢?随着时间的流逝,面对这失去的和将要失去的一切,女人们备感无力。无力选择,也无力阻挡这一切事情的发生,于是就在无奈中学会了接受,学会了妥协,忍着痛磨掉了曾经的棱角,任由岁月的印记刻在心中。

　　太多失去的遗憾充斥着我们的内心，有时候我们会想假如可以重新来过，我一定会……是这样吗？假如时光可以倒流，你真的不会再次轻易地失去？要明白，没有失去的切肤之痛，你怎么会懂得珍惜？当失去无法改变时，必须培养接受一切的勇气，必须让自己那脆弱的心坚强起来！

　　其实，女人就应该学会面对失去，而且要坦然并且积极地面对失去。四十以后，容颜的改变虽然使女人失去了青春的色彩，可是如果内心也同样老去，那恐怕才是真正的衰老。所以，坦然地面对衰老的容颜，忘记年龄，调整心态，如果你可以保持内心的童真，那么青春就会永远陪伴你。只有年轻的心才会有年轻的容颜！你要明白，化妆品装饰的也只不过是我们的外表，从里向外散发的青春是任何高级化妆品都做不到的。

　　如果爱情、事业出现了危机，不要怨天尤人，不要沮丧悲愤，积极地面对，新时代的女人对爱情、对家庭、对事业都有自己的独到见解。俗话说，强扭的瓜不甜，强求的东西也绝不可靠。该说再见就不要犹豫，与其心碎，不如放弃。让自己开心点，你要明白，失去了还可以重新拥有，谁敢说在人生的航向中，不会有更精彩的发现？

　　女人要学会面对失去，你要明白，被动地接受与主动地面对，是有着本质的区别的。当你可以用积极地心态去理解、去面对这些失去时,你会发现,失去了并没有想象的那么严重,也并不值得多么悲哀,一切问题都会有解决的办法,失去的一切也可以重新拥有!

  珍惜失去的一切吧,在失去中,学会面对,学会成长!

幸福的本质,不在于追逐,而在于品味

> 有生活的时候就有幸福。
>
> ——列夫·托尔斯泰

新时代的女人,要学会品味幸福。

幸福是什么?是临出门前的一句叮咛,是归家路上远远的一盏灯光;是早餐手边一杯暖暖的牛奶,是临睡前一个满满的拥抱。

幸福有多珍贵,让每个人从懂事便开始不停地寻找?有些人穷其一生,也只来得及看到别人所拥有的,什么万贯家财,什么娇妻美眷,艳羡中,庸庸碌碌匆匆老去,在叹息中合上了双眼。

其实,幸福像个淘气的孩子,当你用尽全力去追逐,他偏撒丫子跑得更快,让你望其项背而不得;而当你慢下脚步,调适好心情,他却悄悄地腻在你身边,让幸福的感觉暖暖地将你包围。

幸福的本质,不在于追逐,而在于品味。

现实生活中,没有人在永远失去,即使失去,也是因为你曾拥有太多,多到超出了自己能把握的。有位哲人说过:"当我感叹自己没有鞋穿,我发现很多人没有脚走路。"

幸福的意义，在于你所注目的是什么。不要斤斤计较于已失去的，失去了就已不再属于你；不要计较你还没得到的，还没得到的，不见得最终花落谁家。是否幸福，取决于你把目光放在哪里，如果你看到的是你所拥有的，你会备感幸福——你拥有一个家，有爱你的父母，有健康的身体，有并肩的伴侣，有可爱的孩子。如果不幸这些都没有，那你也该庆幸，你还活着，还能呼吸免费的空气，还能感觉悲喜冷暖，你所梦想的还有实现的可能，相对而言，很多人已不再拥有这些。

幸福，取决于你是否能放低身段，把眼光放在你身边那些小小的事物上。当他在远方看到美景，打电话告诉你他的感动，你要幸福于他只愿与你分享；当孩子蹒跚着走向你，带着甜甜腻人的笑，张着双臂柔柔喊妈妈，你该幸福于他对你全然的信任依赖；而当父母打来电话，亲切地喊"囡囡"，即使你已是成熟的女人，也该幸福于这辈子只有这么两个人这么亲昵地喊你，幸福于他们还在，面对他们，你仍然可以撒娇可以赖皮，在他们面前，你可以永远是孩子。

每天早晨，给自己一个微笑，告诉自己"真是美好的一天"，然后伸个懒腰，带着饱满的情绪，整装出发。告诉自己，我幸福着，并且每一天都会比昨天更幸福。这样的心理暗示，会在你心底生根发芽，你会慢慢感觉，你真的沉浸于幸福之中，那么自然，那么满足。

好好享受自己的生活，向身边的所有事物微笑，无论是一朵花、一只蝶、一阵清风、一片云，它们让你享受到自然的无私恩赐，那么美丽，那么灵动。好好珍惜身边的人，对他们好一点，再好一点，那么将来无论聚散，都可以更少遗憾。即使将来成了路人，成了冤家，你也能告诉自己，我问心无愧。

　　是的，问心无愧、光明磊落的人是幸福的，因为你心底没有阴影，阳光可以随时随地通透你的心扉，你会感觉温暖、光明无所不在。简单的人是幸福的，因为她把幸福也看得简单，既然幸福那么简单，当然是每个人都能并且都肯定拥有了的。

　　幸福就是这样，只要用心品味，你会发现，原来自己一直都这么幸福着。

简单是一种美丽的生活

> 我宁愿别人把我当做傻瓜,那么就不会有人和一个傻瓜计较了,所以女人往往还是笨一点的好,特别是该笨的时候。
>
> ——三毛

女人拥有美丽的容颜固然是一件美事,但那不是永恒,容颜也终有衰老的一天;拥有华美精致的服饰,固然可以光彩耀人,但那也不是人生的主色调,华美的服饰也难以掩盖鬓角的皱纹。其实,女人应该学会简单,简单的心境可以生发无穷的魅力,可以让美丽伴随着生命越来越沉淀。

简单是什么呢?简单就是知道知足。家人开心,爱人舒心,孩子欢心,生活宽心,足矣!要知道"命里有时终须有,命里无时莫强求"。简单绝对是一种大境界,遍览古今世事,但凡至善至美的东西,皆是简单的。土地质朴无华,但能养育万物;清水无色无香,但能孕育生命。简单的生活才是真正幸福的生活。新时代的女性,应该明白幸福就是知足,就是简单。人生短暂,只有学会知足,学会简单,生活中才能少些遗憾,多些幸福。

时时被忙碌冲击着整个生活，整日里忙得头晕脑胀，闲暇时，可曾感觉到一身的茫然？新时代的女人不妨在纷繁复杂、变幻莫测的尘世中，固守一份属于自己的质朴简单的情感家园。

女人真的应该学会简单，因为女人经不起太多的繁华。看看那些因为过劳而死的明星，你会感觉到，原来生命真的很脆弱，真的经不起太多的折腾。尤其在女人最繁华的时候，何必要去疲于奔命呢？花开很容易，花谢也很容易。

贪婪，使我们对于自己已经拥有的东西不知满足，却总是羡慕那些不属于自己的东西，为了车子、房子和各种高档消费品而奔波；欲望，使我们迷失了自我，即使年过半百，还在为了钱而疲于奔命，奔来奔去，只是感觉到无穷的劳累，此时又何谈快乐呢？失去了快乐的生活，何谈幸福。

新时代的女人，应该知道，易逝的青春不容忽视，更应该学会简单，只有这样，才能让生活的沉重和苦涩变成前行的动力，才能了悟人生的禅机，才能让美丽幸福永远伴随着你。

在经历了繁华和忙碌之后，你会发现简单地活着真是一种幸福啊！新时代的女人，不要再为一些应酬来委屈自己，偶尔地放纵一下自己，反而可以更轻松。新时代的女人，你应该明白再多的钱也填不满内心欲望的沟壑，那就索性放松一下自己那急匆匆的脚步，慵懒一下也未尝不可。

简单是一种美丽的生活，它会让自己彻底地放松。在黄昏时刻,睁开慵懒的双眼,慢慢地品一杯咖啡,静静地听一首乐曲,或者与三五好友品茶聊天,多美啊!

女人应该学会简单地生活,淡淡的来,淡淡的去,少之又少的出头露面却会换来灵性的寂静,对人生、对世间的宽容和苛求,得到的是自己内心的宁静和平衡。

完美害死人

> 放弃对自己做完美女人的高压标准,会爱自己,会爱家人。
>
> ——张怡筠

现代社会这个大环境对女人的要求越来越高,做"完美女人"的观点也开始影响女性的内心。于是,被"完美女人"的观点冲昏头脑的女人开始行动了。很多人开始追求完美,并且总是把完美当做自己的人生准则。她们总是为自己和家人定下许多标准,无论是工作还是生活,都要严格执行这些标准。她们认为自己越是符合这些标准,自己就越是成功。

追求完美的她们在工作上要包揽所有的事情,回家还要忙着洗衣做饭,身为人母的女人还要辅导孩子做功课,希望自己的孩子是最优秀的。稍微有一点空闲,还要做做美容、练练瑜伽。喜欢完美的女人总是希望自己能把事情做到最好,活得很累。可是,一味地追求完美,就一定能收获完美吗?这些条条框框令女人危机四伏,一味追求完美的她们对自己越来越不满,越来越没有自信。她们受不了自己身上有那么多不完美的地方,她们的心理问题也越来越多。

由于为自己定下的标准过高、过多，这些女人会经受很大的压力，神经会一直绷得紧紧的，她们承受着本不该有的过多压力，身心疲惫不堪。尤其是当她们发现事情的发展没有像自己想象的那样完美时，就会情绪低落、沮丧，甚至精神崩溃，用哭喊来发泄自己内心的痛苦。

其实仔细想来，世界上哪有真正的完美呢？就连月亮也不会总都是圆的。"完美"只不过是一个相对概念。正因为生活总会存在这样或者那样的缺憾，我们才能更加体会到世界的美好，会更加珍惜现在拥有的幸福生活。

著名心理学家张怡筠博士说过：追求完美的女人往往是内心缺乏自尊和自信的，而这一点，她们需要通过别人的肯定来证明自己很优秀。要改变现在的状况，女人要对自己和周围的人少提一些要求，不要总是用过高的标准来衡量自己，做到爱自己，爱家人。只有对自己、对朋友放低要求时，才会收获生活的美好。

老版《红楼梦》电视剧中林黛玉的扮演者陈晓旭就是一个完美主义者。事无巨细，她总是一个人承担，宁可累倒自己也不愿意麻烦别人。由于压力过大，她患上了胃癌。朋友有的时候想帮她按摩减轻痛苦，可她总是尽量自己去做，从不麻烦别人。就因为陈晓旭追求完美，希望自己的形象一直是完美的，所以她拒绝了治疗，不接受手术。陈晓旭的人生很短暂，就是由于过分追求完美的性格才使她过早地离开了人世。

　　其实女人应该明白：生活是由许许多多的琐碎细节构成的，很平淡。女人在生活中一定不要过分追求完美，要学会展现自己弱小的一面。只有这样，女人才会跳出完美的怪圈子，找到生活的幸福。

岁月让女人变得淡然与从容

> 三流的化妆是脸上的化妆，二流的化妆是精神的化妆，一流的化妆是生命的化妆。
>
> ——林清玄

岁月无痕，娇颜依旧，这是古往今来每一个女性追求的梦想。每个女人都希望自己永远停留在二十几岁的时光，可是，就像我们无法回避长大一样，我们也无法回避衰老。

时间是摧毁女性娇容最残酷的杀手。有些女人整天为自己的年龄发愁，为不再娇嫩白皙的肌肤，为慢慢增多的鱼尾纹而发愁。而有些女人则看淡了这一切，她们不怕公开自己的真实年龄，不怕面对岁月在自己脸上刻下的烙印，因为她们知道：虽然无法阻挡光阴的脚步，无法阻挡皱纹爬上额头，但只要拥有一颗年轻的心，就可以美丽一辈子。因为有魅力的女人，永远不会老，老去的，不过是容颜。

岁月是美丽女人最大的敌手，它让所有的美丽随光阴的流转而逐渐消磨；然而岁月却是魅力女人最好的朋友，它让所有的魅力因时间的沉淀而日益光彩动人。

真正美丽的女人，永远不怕老。走过了季节，看过了花开花落，知道了人世间，有一种美丽，叫从容。其实，想通了年龄不过是一个符号，和幸福的生活又有多大的关系呢？每个年龄都有每个年龄的喜悦和烦恼，每个年龄也都有自己独特的魅力。面对一张张吹弹得破的青春的面孔，智慧的女人会发出由衷的微笑。她知道，四季不同，风景各异，每一个季节都有其最美的风景。

任何事物，脱离了深度，都是淡而无味的。没有深度的男人，是乏味的；没有深度的女人，是浅薄的。当然这个深度，应该正确地去理解，这个深度，是学识、品味，是为人处世的一种睿智，是一种圆润与练达，是一种深刻，是一种历尽千帆后的洗尽铅华，是走过春夏，那一个沉静似水的秋。与世故、老谋深算无关。

张曼玉是很多男人眼中的女神，拥有无可挑剔的容貌、高挑骨感的身材、妩媚醉人的笑容。她是很多女人眼中的偶像，港姐亚军出身，知名导演心目中的宠儿，获奖最多的香港女演员。面对"每个女人都会担忧自己变老，您怕吗？"的提问，她从容地回答："我也有过怕的阶段，可现在我不怕了，我愿意接受它的来临，我知道它一定要来，你越不接受它，它会来得更不好。大家知道我的年龄，44岁，如果有人夸我状态很好，比我真实年龄年轻，这也是一种赞美。可是我故意穿成28岁，故意讲我不懂得，我是小孩，我觉得看上去第一不会美，第二肯定比真实年龄老。"

女人，每天照着镜子都有微笑！不要怕老，要让年岁在我们身上雕琢得更有魅力！岁月不会绕开任何一个人，但是要记住出色的女人经过时间的雕刻之后，却可以留下美丽的精华。

想要掩饰自己年龄的女人往往是得不偿失，越是想掩盖自己的年龄，自己的真实年龄越会早早地暴露在外。她们不但得不到周围人的尊重，而且有时还会成为别人的笑柄。越在意自己年龄的女人，别人往往把她猜得更老。十几岁的女孩天真烂漫，二十几岁的女人活力四射，三十几岁的女人美丽从容，四十几岁的女人成熟优雅，五六十岁的女人睿智安详。千万不要让自己每天沉浸在对年龄的恐惧当中。

有一个国王在临终之际，把两个儿子叫到跟前，对他们说："我想要一朵世上永恒不败的花，你们俩谁先找到这种花，谁就可以做国王。"于是两位王子跋山涉水地去寻找国王心中的花。走过无数个地方，问过无数个花匠，都找不到这样的花，因为世上所有的花朵都不可能常开不谢，有花开就必然有花落。

两个王子当然不能空手而归，他们各自带了自己找到的花朵回到宫中。大王子带回来的是一朵普通的花，他很骄傲地把自己从一个老花匠那儿学来的温室技术向国王展示，用保持花开所需要的温度的方法，让花一直处于开花期。国王看了之后，不发一言。

小王子则拿出一个小小的玻璃瓶，里面是他已经碾成粉末的花。他对国王说:"开放的花朵虽然美丽,却总有一定的期限。花的香味能让人回味无穷。所以,无形无色的花才是永开不败的花。"国王听了小王子的话终于露出了笑容,小王子顺利成章地继承了位。

花如女人,女人如花。这个故事带给女人的启示就是:外在不是最重要的,一个女人不老的根本在内在。

台湾作家林清玄写过一篇叫做《生命的化妆》的文章,文中的主角是一位女化妆师,她说,化妆的最高境界是自然,三流的化妆是脸上的化妆,二流的化妆是精神的化妆,一流的化妆是生命的化妆。何为生命的化妆,就是:改变气质、多读书、多欣赏艺术、多思考、对生活乐观、对生命有信心,自爱而有尊严,这样的人即使不化妆也丑不到哪里去。

华丽衣裳不一定能装扮出一个灵魂的美来,而布衣也不一定能掩盖住一个人的精神风采,这就是气质的魅力,它来源于精神世界的充实、丰富。美丽的容颜,漂亮的装扮、婀娜的体态,只是一个女人的外包装,真正令一个女人闪耀的始终是她的思想、修养与学识。一个真正美丽的女人,不光要下"表面功夫",更要让自己有才智、有思想、有见识、有品位。

活出自己的魅力

> 美丽使你引起别人的注意,睿智使你得到别人的赏识,而魅力却使你难以被人忘怀。
>
> ——索菲娅·罗兰

青春易逝,红颜易老,女人不可能永远年轻漂亮,可是女人却可以越来越美,这美丽就源于女人特有的魅力,新时代的女性,就要活出魅力!

那么,女人的魅力在哪里呢?是文雅的谈吐、优雅的举止?还是典雅的妆容、高雅的情趣?是贤妻良母式的温柔?还是辉煌成功的事业?其实这些无一不在彰显着一个女人的魅力。

随着岁月的流逝,曾经青春的娇颜慢慢流走了,沉淀下来的则是那淡淡飘香的女人味。这女人味就是女人的魅力所在,做女人,就要有女人的味道,尤其是新时代的女人。

女人的魅力靠的就是三分漂亮七分味。女人味让女人向往,令男人陶醉,女人若是失去了属于女人的味道,就会丧失女人应有的魅力。不管你是政府要员、高级白领,还是普通的家庭主妇,都不应该缺少了女人应有的贤惠、温柔。前英国首相撒切尔夫人人称"铁娘子",政治上真可算得上铁手腕,巾帼不让须眉,可是她有一句名言:"每当我在家里,早饭总是我做,午饭也是我准备。"这外刚内柔不正是她的魅力所在吗?

那么,怎样才能活出魅力呢?

生活是魅力最好的铸造师,女人的魅力很大程度上都源于她所生活的环境,好的生活环境会造就一个女人良好的修养、高雅的品位、丰富的内涵、独特的个性。如果没有一个好的环境,这些是很难想象的。也许有的人会说,天哪,我没有优越的环境,那我岂不是没有希望了?无法活出魅力了吗?请不要自卑,环境虽然造就了最大的女人味,不过如果能够经过刻苦的修炼,照样可以活出精彩,活出魅力。《佐罗》中的马瑞塔原来只是一个盗贼,可以说是粗俗不堪,可是在老佐罗的调教下,"小佐罗"出入贵族场合又有哪点逊色?三十以后,女人不要抱怨,不要哀叹,努力修炼吧,你完全可以活出自己的魅力!

一个有魅力的女人一定是有知识有修养的女人,女人要坚持学习,多读书,多听音乐,增强自己的审美品位和知识修养,让自己变得有内涵、有思想,腹有诗书气华,内涵会改变一个人的容貌,学识与修养会让一个女人越来越美丽。同时也要加强锻炼,让自己拥有一个健康的体魄和良好的身材,无论什么时候都给人一种神采奕奕、精力充沛的感觉,这样的女人味才更加吸引人。

另外，还要注意自己的穿着打扮，什么样的场合穿什么衣服，化什么妆，一定要让人看上去舒服、自然、清爽、优雅，这也有赖于你的审美能力。

一个有魅力的女人应该在充满女人味的同时，还要活得自信自强，勇于拼搏。不要成为男人的附庸，你不一定要拥有自己的事业，但是你一定要拥有养活自己的能力。刚柔并济，才会魅力四射。

解脱烦恼，卸掉沉重的枷锁

> 烦恼、苦恼、忧郁、痛苦从心来，从心灭！快乐从心起！
>
> ——题记

女人是一种喜欢钻牛角尖的动物。女人的性格决定了她们经常会没事找事，自寻烦恼。而自寻烦恼的直接后果就是背负沉重的思想包袱，整个人变得郁郁寡欢，喜欢抱怨，觉得全世界的人都亏欠自己的，自己是世界上最冤的人。

女人容易被烦恼纠缠，除了与自身生理、心理特点有关外，还与家庭、社会环境等有关。因此，感到压力与烦恼的女人数量要多于男人。其实，女人为何要背负沉重的思想包袱呢？何不放下包袱，解脱烦恼，让自己快乐起来呢？

要想解脱烦恼，女人首先要克服自己的"怨妇"心理。"怨妇"普遍有这样一个心理，就是：自己付出很多，别人就必须对自己付出更多作为对自己的回报。而自己的要求如果得不到满足，就怨天尤人，徒增许多烦恼。其实，任何人都不能对自己亲近的人提许多过分的要求，女人也是一样。亲人没有责任和义务满足你的任何要求，因此，"怨妇"们，不应该也不能要求别人回报。

女人摆脱烦恼的最好方法是整理好今天的心情，不要让昨天的坏情绪破坏今天的好心情。昨天的，已经成为过去，即使你肠子都悔青了，也于事无补；明天的，还没有到来，即使有担心，也是多余的。而今天，是实实在在的一天，只有好好把握，才是最明智的做法。

女人不要过多在意别人对自己的看法，只管用心做自己该做的事情就行了。人的精力都是有限的，哪还有过多的心思去在乎别人的评价呢？聪明的人这样对待反对自己的人："如果我听到大街上有人骂我，我是不去理会的，根本不想理这样的无聊之人。"何况，俗话说"众口难调"，又有谁能够保证自己会让所有人满意呢？恐怕世界上的任何一个人都不能够。既然这样，你又何必自寻烦恼呢？你最好的做法就是不伤害别人，也不要被别人的议论所左右。

女人要善于调节自己的心情，让快乐时时伴随自己。虽然我们没有办法改变别人对自己的看法，可是却能够掌控自己的心情。如果女人放弃烦恼，丢掉怨恨，就会收获美好的生活，因为那把能够创造美好生活的金钥匙就掌握在女人自己手中。

女人不要过多地追逐名利上的东西。曹雪芹在《红楼梦》中说：命里有时终须有，命里无时莫强求。如果不切实际地追寻一些世俗的荣誉或东西，追到手还罢，追不到手，岂不是又添烦恼？生活是一件很美好的事情，不要让虚幻的东西使自己的心变得很累。如果心累，不单单身体会处于亚健康状态，造成精神不振，更多的是生活的没有意思，失去了生活的意义。所以女人们，别让自己的心太累，解脱烦恼，解脱心灵。

用理智控制自己的情绪

> 成功的秘诀就在于懂得怎样控制痛苦与快乐这股力量,而不为这股力量所反制。如果你能做到这点,就能掌握住自己的人生,反之,你的人生就无法掌握。
>
> ——安东尼·罗宾斯

有些女人习惯随意宣泄自己的情绪,完全不考虑周围人的感受。她们可能在前一分钟还在大声说笑,突然之间就会沉默不语。有时候会莫名其妙地冲周围人乱发脾气,其实谁也没有招惹她们,只是她突然很郁闷,然后就爆发出来。这样做的结果只有一个,那就是显得女人没有品位,严重影响与周围人的关系。

女人由于生理的原因非常容易情绪波动,并且不容易克制自己。外界的环境很容易影响女人的情绪,环境稍稍发生变动,可能女人就会歇斯底里。情绪化的女人就像七月的天气,刚刚还是艳阳高照,下一分钟可能就狂风暴雨伴随着电闪雷鸣。每当情绪突然爆发的时候,女人都会感到不认识自己一样。她们会想:"我怎么会这样?怎么会这样可怕?"

情绪化的女人常常让亲人和朋友不知所错。当女人心情好的时候，她们与亲人、朋友的关系会很和谐，大家相处起来会非常愉快；一旦女人的情绪失控，周围的人会非常压抑，不知道怎样做才好，于是气氛就会变得很紧张。

家人、朋友对情绪化的女人是包容的，虽然他们会感到难过，可是他们不会忍心伤害你，不会因为你的恶劣态度而恼怒，更不会对你反唇相讥、计较不停。可是，除了亲人和朋友，谁会无休止地包容你呢？因为不清楚女人会在何时何地爆发怒火，周围的人会小心翼翼地与你相处，慢慢地，周围人会因为不堪重负而选择离开，因为没人愿意在高压下生活。女人如果太情绪化，她的生活肯定会一团糟，而工作和学习也可想而知。女人如果太情绪化，即使外表再美丽，也会给人留下庸俗不堪的印象。

情绪化带给女人太多负面的影响。女人一定要学会克制自己的情绪。如果能使自己的心态处于平和的状态，那么她一定会浑身上下散发一种迷人的气质。这种高雅的气质会使周围人产生愿意亲近的感觉，因此为她们赢得更多的人脉，使她们更有机会在事业上取得新的进展，生活也会更加幸福、有滋味。

女人可以忧伤，可以发脾气，可是不能一味沉浸在情绪的世界里，女人更不可以因为自己的情绪而影响身边人的生活。

女人，要想让自己活得从容，活得优雅，活得如鱼得水，就必须懂得控制自己的情绪。

首先澄清一个误区，有人认为，控制情绪就是喜怒不形于色，就是压抑自己，那是完全错误的。因为情绪不会因压抑而消失，相反越压抑反弹越大，一旦找到出口就如同冲破闸门的洪水，破坏力之大难以预计。控制不等于压抑，而是要把握住一个"度"，当收则收，当放则放，收发自如，进退得宜，才能称之为控制。

　　这里，我们把控制情绪分成收、放两方面来分析。先说放，也就是情绪的外放，或者叫宣泄。女人嘛，开心时欢呼雀跃，难过时流泪哭泣，都是无可厚非的，难过就难过一天，高兴就高兴一天，重要的是，过了就要放下。若情绪积压下来成为心结，就需要适度发泄，或倾诉，或加大强度锻炼身体，任何方式只要能打开心结，又不伤人伤己，都是对的、合适的。另外，需要注意的是，外放时一定要选对时间、地点和对象，避免给自己带来麻烦。要放，也要放得巧妙，放得优雅，放得惹人怜爱而不是惹人厌，千万别学祥林嫂，时时倾诉吓跑了所有人，更不能让自己变成泼妇，摔盆子打碗，嚎哭打滚，让人笑话。

　　情绪的"收"，往往是由具体情境决定的，什么时候该收，收到什么程度，要看具体场合，要看你面对的是什么人。外人面前，任何情绪的发作，都往往是有害无益的。没有人有义务为你的情绪埋单，领导面前，同事面前，尤其是对手面前，情绪失控，只是将你的弱点暴露在外，给人一个击垮你的机会罢了。将你坚强自信乐观的一面给他们吧，真实的、柔软的、敏感的那一面，只有最信任的人配看得到，当然还包括自己。

有些情绪，即使在最亲密的人面前，也要收起，比如愤怒和生气。

愤怒俗称怒火，既然是火，它的破坏性，可见一斑。发火的人，往往失去理智，口不择言地伤到身边所有人。为自己树敌，当然不划算，但伤到自己在乎的人，尤其得不偿失。试想，谁会希望自己妈妈暴躁易怒？谁会愿意跟一只喷火龙一起生活？静下来，深呼吸，心静如水，自能灭火。

生气是拿别人的错误来惩罚自己，而摆脸色给人看，就成了拿自己的错误惩罚别人了。二罪并罚，你可担得起？世上最可厌恶的事，莫如将一张生气的脸给人看。洗把脸，照照镜子，看看你自己现在的样子。不好看吧？那试着微笑，笑不出来，哭一场，总比扭曲生气的脸好看吧？别忘了你是女人，女人当然要爱惜羽毛。

女人一定要懂得控制自己的情绪，让自己成为一个进退得宜、从容优雅的女人。

>>> chapter

03

第三章

熟谙社交艺术,才能少走弯路

一位阿拉伯哲人说过:"一个没有交际能力的人,犹如陆地上的小船,是永远不会飘泊到人生大海中去的。"交际是女性走向社会的第一站,也是女性魅力的得以展示的第一个舞台。

学会处世，将从淡写在脸上

有总是从无开始的，是靠两只手和一个聪明的脑袋变出来的。

—— 松苏内吉

曾经沧海难为水，经历过挫折的女人，无论是从情感上，还是处世上，都历经沧桑，这时的她们如果对一切都抱着怀疑的态度，已然看透了人生，不再相信这世上有真、善、美，不再对生活充满梦想与憧憬，于己于人都不好。学会处世，时刻保持乐观、单纯的心境，保持内心的淡定从容，也就成为了一门学问。

人们都说男人是理性的，女人是感性的，这话说起来虽然有些绝对，但也不无道理。在生活中，我们发现大多数女人无论是在职场中，还是在情场中，感性总是多于理性的。虽然，有时候女人的感性可以获得别样的灵感和收获，然而，当女人不合时宜地表现出过分的感性时，难免会被人归入"泼妇"、"庸俗"之流。所以说，对于女人来说，拥有一个成熟的处世态度，既能保持自身的神秘感，又能平添一种独特的魅力。

女人，更应该积极地参加社交活动，无论是社会公益活动、集体旅游，还是家庭 Party、KTV 等。在活动中，尤其是公众活动中，表现既要稳重，也要热情，话不要太多，也不要总是保持沉默，要得体地与大家交流共同关心的话题。说话时，报以微笑，会让人觉得你很优雅，又不失风度。

还要努力培养自己的自信和综合能力，努力提高自己处理各种复杂问题的能力。考虑事情要从大局出发，对上不卑不亢，对下恩威并重，并能够有技巧地说"不"！在遇到大家讨论问题时，不要急于表态，那样会给人浮躁的感觉，要知道，很多时候沉默依然是金。

还要掌握与人沟通的技巧。都说沟通是女人的天性，在碰到问题时，一定要想法进行交流，不然问题会越积越深，甚至到了不可解决的地步。平时多读书，可以增加我们的视野，陶冶我们的情操，多参加各种学习活动，从各方面提高自己，要知道只有掌握更多的知识，才能运用不同的方式方法和形形色色的人进行沟通交流。

女人在遇到问题或挫折时，不要着急，要冷静下来，认真思考，你要相信，没有过不去的火焰山，一切问题都会解决的。碰到让人生气的事情，切忌不要发火，要拼命使自己安静下来，然后再做决定，要知道，有些事情一旦爆发，常常是无法弥补的。对他人不要苛责，要学会缓解和释放压力，保持良好的心态，心平气和地做人做事。

总之，女人要让自己变得聪明起来，智慧一些，首先得"慧中"，然后"秀外"，这样才可以天长地久，才能真正地让人赏心悦目。

给人一个良好的第一印象

> 装扮得很像样的人,在像样的地方出现,看见同类,也被看见,这就是社交。
>
> —— 张爱玲

一个女人是不是社交型人才,关键要看她能否撑得起场面。有一些女人,天生的伶牙俐齿,却注定只能做擅长在背后七零八碎的八卦女,等到真要她去结识某些陌生人或者认识的重要人物,她们会顿时失去平日里的机灵。倒是那些平素里不喜欢碎碎念的女人,在非常场合能表现出来惊人的大方大体与应对自如,成为当之无愧的派对王。

很多喜欢把自己或者他人,简单归为"场面人"和"非场面人"。其实,每个人都可以成为场面。只要用心,不管是什么样的女人,都可以成为人群的焦点。

你知道吗?很多时候,你还没有出招的时候,就已经失败了。因为你给人的第一印象将决定你的受欢迎度,如果别人在第一瞬间认定你不合适,你就很难获得对方目光再次驻留的机会。

在公共场合，一个好的外表可以让你有着更多的关注力，吸引众人的目光，给人留下一个好印象。女人每次在展开新的社交之前，一定要化一番功夫打造出可以大方示人的"第一印象"。

日本早稻田大学教育学系教授，东京心理学讲师东清和先生曾说："用来形容对某人印象的基本词汇有五六十个，而形容第一印象的则只有五六个，因为第一印象只能用极表面的词语来形容。诸如令人讨厌、有智慧、漂亮、温柔、有干劲等等。"足见第一印象是多么地"简短有力"。

人与人第一次交往中给人留下的印象，在对方的头脑中形成并占据着主导地位，心理学称之为首因效应。第一印象作用最强，持续的时间也长，比以后得到的信息对于交往整个印象产生的作用更强。

在人际交往中，根据交往的深浅程度，心理学将人的形象分为三个层次：即对于那些只知其名未曾见面的人来说，一个人的形象主要与她的名字相关；对于初次相见只有一面之交的人来说，她的形象主要和她的相貌、仪表、风度举止相关；对于那些相知相交很深的人来说，他的形象更多的是与他的品行、文化、才能有关。可见，第一印象是由人的相貌、仪表、风度举止等综合因素形成的。因此，女人在第一次见面的时候，要将自己最光鲜的仪表和最得体的举止展现给目标对象。只要调整好情绪，掌握一些赢得好印象的基本套路，80分的第一印象并不难。

○表情

嘴角的表情和双眸都能流露笑意的话，就能给人好印象。

第一印象的好坏决定于初见时的第一眼感觉，而人与人初次见面时，表情就是决定印象好坏的最大因素。心理学认为"微笑"就是"接纳、亲切"的标志，也就是说当你微笑时，等于告诉对方"我不会害你"、"我对你并没有敌意存在"。第一次见面时若没有笑容的话，会让对方感到紧张，以为你在拒绝他，难与你亲近。嘴角上扬、连眼神也在笑的表情就是一种好感的表示。当你一直微笑看着对方时，就能消除对方的警戒心。

○装扮

穿着类似能拉近距离，差异太大则会形成距离。

服装打扮也是第一印象的决定因素，我们能在一瞬间就断定出这个人与那个人的差异，也能马上感受到谁与自己是同类，谁与自己是异类，而且从一个人的穿着打扮就大概可以知道这个人的个性如何。也许你觉得这样的断定太过主观，不过这就是所谓的第一印象。一向对颜色敏感的人就会看对方的衣服颜色做印象判定，对流行敏感的人则会对时髦感或配件的搭配来决定对方是哪类人。如果品位相同就会有亲近感，品位不同当然就有疏离感了。

○姿势

由姿势的开放度来决定开始交谈的时机。

微笑首先能给人安心的感觉，再加上品味也一致的话，接着就是要交谈了，能不能开口交谈，则取决于姿势。肯接受对方，自己也表现出接纳开放的态度，从见面到开始交谈的时间就会缩短。如果你以轻松的站姿，正面面向对方，那么对方就会感觉你容易亲近。相反地，如果你将手交握于后面或双手交叉抱于胸前，都会让人有隔阂感。如果把包包放前面拿着，面对对方，虽然双手没有交叉抱着，但还是会让人有距离感。包包最好背在肩上，才能给人留下容易亲近的第一印象。

○态度

很多女性在参加聚会时，喜欢与熟悉的人坐在一起。一个聚会下来，旁桌不认识的人互相多是淡漠的，至多点点头而已。社交的意义在于交往不认识的人，而不是认识的人。羽西在家待客，每次都会对相识的、有不认识的人说："今天，来这儿的客人都不能从头到尾只坐在一个地方，你们要交换不同的位置，每个人都要和其他朋友交谈。你们都是我的好朋友，有责任要帮助我照顾好其他的朋友。"要成为焦点，就要主动和别人交流，走近他人，让别人觉得你好相处，看到你的优点。

优雅的形象让你在各种社交场合都是焦点

> 在公开场合,是全面展示一个女人魅力的时候。这个时候就是要辛苦一下自己,出门前多用点心,走进人群多注点意,演好戏,传播好名声。
>
> ——题记

出场型态优雅只是给人留下美好印象,在气势上得分;而漫长的聚会过程中,女性断不可以过于随性,要注意整体的风度与仪态。当饥肠辘辘地融于群体的时候,往往难以抵御美食的诱惑和本性的流露,也容易表现得不雅和粗俗。

比如,吃相不雅就是大忌。当大家坐在一起吃饭时,每一个人吃饭时的表现便自然地落在人们的视线之中。千万不要让你在餐桌前的吃相吓走了别人的食欲。再比如,吃饭时穿着不得体问题。有很多马虎女人会随便套件衣服就敢赴宴。去什么场合吃饭就要穿什么档次的衣服,总之不能让自己首先在外观都与人格格不入。此外,坐姿不雅也很失去形象。

女人在聚会场合要保持优雅形象,必须注意以下这些事项:

· 切忌狼吞虎咽。咀嚼时不要出声，经常用餐巾试净手指和嘴，满嘴流油，实在让人倒胃口。如果吃东西塞了牙，千万不要张着大嘴大剔特剔。正确的做法是用牙签时，另一只手要遮挡一下，你是不会轻易看到淑女剔牙时暴露天遗的美态的。

· 取食物动作要得体。取菜的时候，应从盘子靠近或面对自己的盘边夹起，不要从盘子中间或靠近别人的一边夹起，更不要左顾右盼、翻来覆去，在公用的菜盘内挑挑拣拣，夹起来又放回去，会显得缺乏教养。多人一桌用餐，取菜要注意相互礼让，依次而行，一次夹菜也不宜太多，取用适量。不要好吃多吃，争来抢去，而不考虑别人吃到没有。距离自己较远的菜，可以请人帮助，不要起身甚至离座去取。喝汤时，中餐放下筷子，西餐放下刀叉，用汤匙喝，不要把碗端起来喝。吃到骨、刺时，不要直接吐出来，应用餐巾或手掩口，取出放在骨碟里。餐桌上放着盛玫瑰花或柠檬片的小杯水，是用手取食物前洗手用的，切忌当作饮料喝掉。

· 洞察席位安排的玄机。不单是在不同位置摆放的圆桌有尊卑的区别，每张圆桌上不同的座次也有尊卑之分。记住这些原则，确保不坐错位置，这在中餐礼仪中非常重要。入座前，你首先要迅速辨别出哪张桌子是主桌，然后由邀请方引导你入座。每张餐桌上的具体位次也有主次尊卑的分别。一般情况下，主人大都应面对正门而坐，并在主桌就坐。各桌位次的尊卑，应以与这桌主人的距离远近来定，离主人比较近的位置比较尊贵。与本桌主人的距离相同的位次，则以本桌主人面向为准，主人座位右边的位置比较尊贵。如果主宾身份高于主人，为表示尊重，可以安排在主人位子上坐，主人则坐在主宾的位子上。

· 就餐礼仪要清楚。如有长辈，要尽可能主动给长辈添饭。遇到长辈给自己添饭，要道谢。如果需要为别人倒茶倒酒，要记住"倒茶要浅，倒酒要满"的礼仪规则。如果不小心在餐桌上泼洒了东西，而且洒了很多的情况下，要叫服务员来清理你弄脏的地方，同时向其他客人表示歉意。如果不会喝酒，当主人或服务生为其斟酒时，应用手指轻敲酒杯边缘以示谢绝，不能将酒杯倒扣在桌上。尽量不要在进餐时中途退席，如有事确需离开，应利用上菜的空当向同席的人说明情况，表示歉意后再离开。如果女士需要补妆或去洗手间，也应该告知同桌的人暂时离席后再去，同时不能只带走化妆包，而要将手提包一起带走。

· 保持坐姿的优雅。最得体的入座方式是从椅子左侧入座。当椅子被拉开后，身体在几乎要碰到桌子的距离站直。入座时，当腘窝碰到后面的椅子时，就可以坐下来。坐下后，身体要端正，与餐桌的距离以便于使用餐具为佳，肘部不要放在桌面上。餐台上已摆好的餐具不要随意摆弄。将餐巾对折轻轻放在膝上。坐姿应保持稳定，不要前后摇摆，腰板应挺直，上臂和背部尽量要靠向椅背，腹部和桌子保持约一个拳头的距离，膝盖放平。千万不要在用餐时跷起二郎腿、两脚交叉或者两膝张开呈八字形，不美观而且失礼。

·与人交谈要文明得体。进餐时应与左右客人交谈，但应避免高声谈笑。不要只同几个熟人交谈。自己左右的客人如不认识，可以先自我介绍。别人讲话时不要搭嘴插话。因为是特意安排的聚会，所以，交谈时也要选择使宴会活跃和谐的话题，说别人坏话、或者倾诉自己的烦恼，以及说"这家饭店的菜味道不好"等等，会使整个宴会的气氛低沉下来。在一家餐厅里夸奖其他餐厅的菜时，一定要注意说话的分寸和方式，比如，说"那家店里的菜特别好吃"，往往会被别人误解为"这家的菜不好吃"，这样是很失礼的。

不要和陌生人说话?

> 男人可以孤独,女人却是天生的群居动物。社交就像妆扮,是女人的本能需求。
>
> ——邓文迪

有些女人害怕寂寞,喜欢在人群中寻找安全感,所以她们渴望交一堆的好友,动辄能够三五成群,一起热热闹闹。但有些女人最看不惯她们的这种粘人性和不独立,与其在人群中体悟孤单,她们宁愿高傲地独来独往。只是,有时候这些女人也不得不承认:"心情不好的时候,连个聊天的人都找不到"……无论如何,一个广受朋友、同事、家人欢迎的女性,才是最有魅力的女人。任何人都是社会性动物,男人如此,女人亦如此,所以,作为女人,为什么要逆着人流而走呢?为什么不打开自己的人脉,扩大交际圈呢?

心理学家马斯洛的需求层次理论,把人的需求分成生理需求、安全需求、社交需求(归属需求)、尊重需求和自我实现需求五类,依次由较低层次到较高层次排列。生理的需求指呼吸、水、食物、睡眠、生理平衡等关乎生理机能正常运转的需求。安全需求是指人身安全、健康保障、财产所有性、家庭安全等。社交需求是指友情、爱情等，马斯洛认为，人人都希望得到相互的关系和照顾，感情上的需要比生理上的需要来得细致，它和一个人的生理特性、经历、教育、宗教信仰都有关系。尊重需求是指，自我尊重、信心、成就、对他人尊重、被他人尊重。自我实现的需求有道德、创造力、自觉性、公正度、接受现实能力，这是最高层次的需要。

其中，社交需求位于中间，是人类需求从低级过度到高级的必经阶段。每个人在满足生理需求和安全需求后，也就是能吃饱睡好，人身安全有保障后，都会产生社交需求。

小说《鲁滨孙飘流记》中，主人公鲁滨孙飘流到一个荒岛上，没有吃的，没有穿的，没有住的，这些都不是最可怕的，最可怕的时候是，远离人群、孤苦一人的绝望！却几乎使他崩溃。鲁滨孙急切要同人发生联系，要找朋友，他呼喊着："啊！哪怕有一两个——哪怕只有一个人从这条船上逃出性命，跑到我这儿来呢！也好让我有一个伴侣，有一个同类的人说说话儿，交谈交谈啊。"在最寂寞的日子里，一只小狗成了他最宝贝的慰籍。后来他从野人那里救出了"星期五"，再后来又救出了"星期五"的父亲和一个西班牙人，虽然语言不通，但是在与他们的交往中，鲁宾逊获得了新生。鲁滨孙成了主人，其他人都在他的统治之下，他们组成一个小社会，开辟岛屿，创造了财富。

人需要交友，需要合群。无论是谁都要交朋友，都想求知音，都想与别人进行语言、思想、感情的交流，以求得互相了解、互相关心、互相支持、互相帮助、互相激励。

害羞、惧怕社交是很多女性的通病。人的成熟从心理性格角度表现在适应社会，有着良好的人际关系。现代女性要克服社交恐惧症，学会大方与人交往。

女性社交恐惧症患者的实质在于：在任何地方、任何情境中，都会害怕自己成了别人注意的中心。恐惧被别人注视；恐惧自己会做出丢脸的言谈举止或表情尴尬；怕自己在别人面前张口结舌；怕吃饭时由于有人注视而丑态百出；恐惧得手发抖以致无法写字；害怕在公共场所呕吐等；回避见人、所有公众场合；焦虑，面红、心慌、震颤、出汗、恶心、尿急等；在公共厕所里怕因恐惧而解不出小便。

心理学认为，女性恐惧社交的根源在于对自我的认知偏差，不敢正视自我，完全否定自我。有这样一个测验情商的题目：当一个落水昏迷的女人被救起后，她醒来发现自己一丝不挂时，第一个反应会是捂住哪里呢？

答案是尖叫一声，然后用双手捂住自己的眼睛。从心理学上来说，这是一个典型的不愿面对自己的例子，因为自己有"缺陷"或者自己认为是缺陷，就通过自己的方法把它掩盖起来，但这种掩盖实际上也像上面的落水女人一样,是把自己眼睛蒙上,只是欺骗自己,并不能解决任何问题。

克服社交心理障碍的关键是正确地认识自己,敢于暴露自己的缺点和不足。每一个自闭的女人不妨记住这样一句话:每个人都没有缺点,只有特点。把自己优点与缺点都归结为一个中性词:特点,通过这样的转换与暗示,**解放自我**。只有自己内心的"结"解开了,才会向外"结"交。

其次,就是要行动起来,主动与陌生人打交道,在互动中增强自信。害怕社交的女性要告诉自己这样一个真理:人与人之间只有未曾认识的朋友,从不曾有陌生人!内向的人和陌生人做朋友本来就只有一心之隔,心与心的距离是最远的也是最近的。当心与心还未发生碰撞,我们是未曾相识的朋友,当心紧紧贴在一起,我们就是无话不谈的朋友。

关于如何与陌生人建立关系,激励大师卡耐基提供的一些建议,女性朋友们不妨可以借鉴:

·从简单的"你好,可以交个朋友吗?"、"你对什么比较感兴趣呢?"等简单的搭讪开始练习;

·注意话题内容的知识性,当你和对方谈到某一件事时,你必须对此确有所认识,否则说起来便缺乏吸引力,不能让对方发生兴趣;

·充分明了人与人之间的关系的真理,有许多事即使做法不同，但道理是永不能改变的，这种"永不能改变"的道理，自己要常常放在心里；

·要培养忍耐力，切忌凡事小器。经验证明"小器"常使自己吃亏；

·能够利用语气来表达你自己的愿望——不要使人捉摸不定。有些人以为态度模棱两可是一种技巧，其实是相当拙劣的。真正懂得运用应酬技术的人，都会让自己的立场迅速公开；

·常常保持中立，保持客观，按照经验，一个态度中立的人，常常可以争取更多的朋友。甚至你的"死党"，你也不必口口声声去对他表明，只要事实上是"死党"就行；

·对人亲切、关心，竭力去了解别人的背景和动机。

成为光芒四射的 Party 女王

你希望别人如何对你,你就如何去对待别人。

——玫琳凯化妆品公司创始人玫琳凯

女人在经历过了感情、事业等各方面的打击后,会深刻地认识到自身的"缺陷",于是变得越来越不愿面对自己,在这样的心理下,很多人会惧怕社交。在参加任何社交聚会之前,她们都会感到极度的焦虑。当她们真的和别人在一起的时候,她们会感到更加不自然,甚至说不出一句话。当聚会结束以后,她们会一遍一遍地在脑子里重温刚才的镜头,回顾自己是如何处理每一个细节的,自己应该怎么做才正确。

现代女人不是"大门不出、二门不迈,整天围着锅台转"的传统妇女了,社交无处不在。女人如果一遇到同学、朋友等的聚会,就躲得远远的,甚至在整个过程中沉默寡言,恨不得把头埋到地下去,那你的人生将是个悲剧。

如果将自己的生活固定在一个小圈子中,你的烦恼别人没有办法替你承担,你获得成功的喜悦,朋友也不能为你高兴和替你分享。这时候的你连个倾诉的人也没有，是不是会显得特别落寞？相反，如果生活中有人陪伴在左右，听自己絮絮叨叨诉说生活中的烦恼和喜悦，会很好地释放压力，情绪高涨，做起事情来也会增大底气，提高自信心。

这个社会是讲究人气的社会，任何人都不能像鲁滨逊一样单独生活在孤岛之上，赤手空拳打天下。如果，女人关上自己走向别人的心门，也就关闭了获得别人帮助、丰富人生的大门。

年轻的80后财富美女董思阳的创业经历就是这一道理的鲜明论据。董思阳是凤博国际有限公司董事长，被媒体评为"80后美女总裁"、"中国十大美女企业家"。董思阳的"第一桶金"是在新加坡卖橘子树挣的。她平时由于经常经营一些小生意，所以经常参加当地的招商会，因此，有机会认识了许多有名的企业家。当时有朋友提醒她可以通过卖橘子树赚钱，并且为她提供了货源。董思阳对这些橘子树进行了简单的装饰，仅仅两个月的时间就赚到了人民币250万元，完成了资本积累的第一步。董思阳的经历给女人的启示就是：不要闭门不出，多参加聚会可能会助你成功。

现代的女性不应该是一脸羞涩、父母眼中的乖乖女形象，而应该是谈笑风生、应对自如、光芒四射的Party女王。她们不把社交当成自己的负担，相反，将同学、朋友聚会当成自己发展人际关系的桥梁，通过这个舞台，打造高质量的人脉，接收各种各样的新鲜资讯，将自己的美丽自信尽情展示出来。

适当的距离,是心灵需要的氧气

女人一定要有一两个知己,有知己是对自己的一种关怀。

——安妮宝贝

女人,都有一种"姐妹情结"。具有相似背景、地位和趣味的特定同性面前,生性敏感、细腻的女人们找到了自己最真实、放松的一面。闺中密友的情分,细细绵绵,悠悠长长,宛如女人的头发,扎上去,放下来,没完没了。大明星詹妮弗·安尼斯顿在与布拉德·皮特离婚时,曾在自己的亲密女友们处寻求到了慰藉;与男友温斯·霍恩的婚约告吹,经受失恋打击的她再次召集密友考特尼·考克斯、谢乐尔·克劳和排球明星加布里埃尔·里斯,让她们陪伴自己渡过又一次难关。姐妹淘的"功能"就是这么强大。

但是,姐妹淘们泡在一起的时间久了未必就是一件好事。三个女人一台戏,女人扎堆久了,是非就来了。达尔文说:最激烈的竞争几乎总是发生于同性个体之间,因为它们需要同样的食物,遭遇同样的威胁。女人的敌人最终只是女人。女人吝啬对女人的赞美，女人轻蔑自己的同类。曾经的姐妹淘一开始可以很友好，保不住一个偶然的机会会因为一点小小的矛盾却谁也不理谁。女人之间相处实非易事。

其实，说白了，姐妹淘们容易起摩擦，在于走得太近了，彼此太在意对方的一言一行了。女人都是感性动物，很容易陷入"感情"的漩涡。在交往过程中，随着频次和熟悉度的增加，姐妹淘们会把持不住自我，任人际距离递减，甚至"连一条缝隙都没有留"。情感本身就是不求回报的，而真正的不求回报又有些不现实，结果往往搞得自己受伤，他人嫌恶。如果大伙儿像古人所言的那般"君子之交淡淡如水"就可以减少损伤感情的事情了。

管理学上有一个著名的"刺猬效应"：话说，因为天气寒冷的缘故，有两只刺猬决定相拥在一起。一开始，彼此浑身长长的刺，刺痛了双方小小的身体，无奈之下，相拥的刺猬分开了，默默地忍受着寒冷。可是，天气继续变得越来越冷，分开的刺猬谁都受不了刺骨的寒风，再次又凑到了一起，经过一番努力，它们终于找到一个最合适的距离：既能获得对方的温暖而又不至于刺痛彼此。

人们常说，社交是一门艺术，原因就在于：与人交往保持适当的距离。适当的距离，是两颗心灵需要的氧气。氧气没有了，这两颗心灵都要窒息。每个人都有自己最隐秘的秘密，都有一个想属于自己独有的空间。任何一个人，都需要在自己的周围有一个能掌控的自我空间，这个空间就像一个充满了气的气球一样，如果两个气球靠得太近，互相挤压，最后的结果必然是爆炸。这就是两个本来关系密切的女人，越是形影不离就越容易爆发争吵的根源。

张丽和巍巍是大学同学，一开始两人关系很好，都把对方看作自己最好的朋友。她们都认为，好朋友的一切都是应该彼此分享的，包括秘密、金钱、衣物等等。随着时间的推移，彼此的矛盾在亲密无间中中完全显露出来。

张丽在公司业务成绩好，获得了奖金，并晋升为管理层；巍巍虽然也不错，但因为未能获得奖金，也未升职。自尊心很强的巍巍，看到好姐妹事业比自己强，心情很复杂，一方面为姐妹高兴，另一方面又觉得姐妹没有资格获得这些荣誉，这些荣誉是不真实的。原来，张丽的业务成绩本来是没有达到公司规定的卓越标准，因为她和部门经理关系不错，经理多加了几分，结果评上了先进，晋升为主管。通过这件事，巍巍认为张丽太功利，不是自己喜欢的真诚的人，慢慢地有些疏远对方。张丽见巍巍疏远自己，以为是对方嫉妒自己，心里也很生气，觉得对方不能与自己共"快乐"，肯定不是真正的朋友。一想到巍巍知道自己的KPI分数不是货真价实的，既羞愧又懊恼，悔不该什么都对她说什么都让她知道。通过投射转移，这份后悔慢慢变成了对对方的恨意和攻击。

如果巍巍不是采取"疏远",而是说出自己的感受,坦诚进行交流,张丽很可能不会采取敌对的方式;如果张丽发现巍巍的疏远,去问问原因,消除猜疑,她们的关系可能不会走到绝交的一步。可见,在姐妹淘相处过程中处理好各自的秘密、保持一定的距离是很有必要的。

即使是再好的姐妹淘,也不可能没有一点点隐私,所以最好还是保持适当的距离。那种距离不会影响你们的感情,相反还会使你们的感情更长久。但是,心理距离是没有统一标准的,关键要让对方感到舒服。如果让对方很不自在,就要想到,自己的行为是否失当,已经超出了好姐妹的距离。

善于为周围的人解围、打圆场

> 众多的人际交往中,女人起着关键的调剂作用。
>
> ——俗语

尴尬之境的处理手段,是最能体现一个人社交能力的时候,社交过程中,难免出现这样的情况:朋友和别人争吵不休,而你尴尬地夹在中间;朋友或者自己当众出糗,无地自容……

善于为周围的人解围、打圆场的女人,可以获得别人更多的赏识和信任,提升自己的人缘魅力;相反,不懂事的女人要么冷眼旁观,要么胡乱"和稀泥",使得场面愈演愈烈,一发不可收拾。

打圆场和"和稀泥"不同:打圆场是从善意的角度出发,以特定的话语去缓和紧张气氛、调节人际关系的一种语言行为;"和稀泥"的特点则是无原则地调和折中,不分青红皂白,双方各打五十大板,甚至见风使舵。

女性在交际中遇到的尴尬的场面时,要做到审时度势,准确把握双方的心理,然后运用说话技巧,借助恰到好处的话语及时出面打圆场,化解尴尬,维护交际活动的正常进行,就显得十分重要和宝贵。

在打圆场时要注意一个问题,就是不偏不倚,要让双方都觉得你没有任何的偏向。否则,你的圆场恐怕就是火上浇油,还不如不说。

孙丽是一家饺子馆的老板。一次,一位中年妇女等了半天才占上位置,要了一份自己爱吃的茴香馅饺子。很快饺子就端了上来,她因为口渴就先喝一口饺子汤。可是,汤太烫刺激了她的呼吸道,随着"啊嚏"一声,她的唾沫和着汤同时喷在了对面一位顾客的身上和碗里。这可惹火了这位顾客,他"呼"地一下站了起来吼道:"你怎么乱打喷嚏。"

中年妇女也被自己的不雅之举惊呆了,赶紧向对方赔礼道歉。待自己缓过神来后,马上对着老板孙丽喊道:"你干吗不放凉了给我?我不吃了,你赔我的饭钱,我还要赔人家的饭钱呢!"孙丽真是无语,也很委屈,烫嘴谁也没有让你马上就喝啊。

结果顾客、孙丽及周围的群众都开始七嘴八舌,闹得沸沸扬扬。最后孙丽感到这不是个事,就赶紧打圆场,对着厨房大手一挥:"算啦!再下两碗饺子,钞票都免啦,只要大家和气,才能生财嘛。"

两位顾客这才平静下来表示接受。此后,他们还和孙丽成了朋友。有时候,当双方都挺尴尬之时,如果你从旁边巧妙地为双方打个圆场，那么凝滞的气氛就会变得轻松。

要想成功地打圆场，关键在于转移话题，制造轻松气氛；或指各方观点的合理性，强调尴尬事件有其合理性；也可以故意歪曲对方话里的意思，而做出双方都能接受的解释；还可以肯定双方看法的合理性，找到双方都能接受的解决方法。

○转移话题

在交际中，如果某个较为严肃、敏感的问题弄得交谈双方都很对立，甚至阻碍交谈正常顺利进行时，可以想法暂时让它回避一下，通过转移话题，用一些轻松、愉快的话题来活跃气氛，转移双方的注意力，或者通过幽默的话语将严肃的话题淡化，使原来僵持的场面重新活跃起来，从而缓和尴尬的局面。如朋友之间为了某个问题争得面红耳赤、僵持不下时，可以适时说一句"要把这个问题争得明白，比国家足球队赢球还难"，或者说一个笑话，让双方的情绪平缓下来，在轻松的气氛中让尴尬消逝殆尽，使交际活动得以顺利进行。针对这种情况，淑女在打圆场时要抓住这一点，帮助争论双方换一个角度来看待争执点，灵活地分析问题，使他们认识到彼此看法的相对性和包容性，从而让双方停止无谓的争论。

○善意曲解

在交际活动中，常常会无意间说出一些让别人感到惊讶的话语，导致一些怪异的行为举止发生，从而导致尴尬和难堪场面的出现。为了缓解这种局面，可以采用故意"误会"的办法，装作不明白或故意不理睬他们言语行为的真实含义，而从善意的角度来做出有利于化解尴尬局面的解释，即对该事件加以善意的曲解，将局面朝有利缓解的方向引导转化。正如同学聚会的例子，如果批评哪一方面都是不合适的，只能加剧矛盾的激化，破坏聚会的气氛。善意的曲解并不是单纯的和稀泥、掏浆糊，而是弥补别人一时的疏忽，消解别人心中的误解和不快，保证人际交往的正常进行，因而是一种很有效也很有必要的交际手段。

○制造台阶

有些人之所以在交际活动中陷入窘境，常常是因为他们在特定的场合做出了不合时宜或不合情理，于是就进一步造成整个局面的尴尬和难堪。在这种情形下，最行之有效的打圆场的方法，莫过于换一个角度或找一个借口，以合情合理的解释来证明对方有悖常理的举动在此情此景中是正当的、无可厚非的和合理的，这样一来，对方的尴尬解除了，正常的人际关系也能得以继续下去了。

有一次，著名演员新凤霞和丈夫举办敬老晚宴，请了文艺界许多著名的前辈。时年90多岁的著名画家齐白石在看护的陪同下也前来参加，老人坐下后，就拉着新凤霞的手目不转睛地盯着她看。看护带着责备的口气对白石老说："你总盯着别人看什么呀？"白石老人不高兴了，说："我这么大年纪了，为什么不能看她？她生得好看。"说完,老人家气得脸都红了,弄得大家都很尴尬。这时新凤霞笑着对白石老人说:"您看吧,我是演员,不怕人看。"在场的人都笑了,场面气氛也缓和下来了。

○折中求解,多方满意。

有时在某种场合中,当交际双方因彼此不满意对方的看法而争执不休时,作为调解者应该理解争执双方此时的心理和情绪,不要厚此薄彼,以免加深双方的差异,并对双方的优势和价值都予以肯定,在一定程度上来满足他们的的自我实现心理,在这个基础上,再拿出双方都能接受的建设性意见,这样就容易为双方所接受。正如饺子馆老板孙丽那样,尽量要使得双方都满意。

女人发挥自己好人缘的优势,多替人打圆场,化干戈为玉帛,积极扑灭不必要的"战火",而不要象一些自私的女人一样唯恐天下不乱,坐在一边等着看笑话。为别人打圆场,等于别人欠下一个人情,也是在进一步提高自己的人缘儿。

事情能不能办成,在于你认识谁

> 一个人能否成功,不在于你知道什么(what you know),而在于你认识谁(whom you know)。
>
> ——题记

女人都希望别人喜欢自己,有人缘儿。毕竟,人脉广泛的女人总是会得到朋友的帮助,遇到问题总是很容易解决掉,甚至还可以得到一些很好的机会。

在好莱坞流行一句话:一个人能否成功,不在于你知道什么(what you know),而在于你认识谁(whom you know)。朋友多了路好走,朋友是办事艺术中不容忽视的环节。有多少朋友,就打开了多少扇办事的方便之门。

对于每一个有事业心的女人而言,专业是利刃,人脉是秘密武器。如果光有专业,没有人脉,这个女人的个人竞争力就是一分耕耘,一分收获,但若加上人脉,那么,这位女性的个人竞争力将是一分耕耘,数倍收获。开发和经营人脉资源,在"贵人"多助之下更能为女人的事业发展锦上添花。

很多女性认为,男人才要积攒人脉,女人只要嫁对人就够了。女人总是爱犯这样的错误,当爱情来临,仿佛全世界都要给她的爱情让路,她的世界里不再有朋友,她的眼中只有她亲密的爱人。时间长了,和朋友的感情也日渐疏远,当有一天爱情离去,才发现自己疏远了朋友,后悔不已。如今的社会,随着开放度的不断增加,各种不稳定性因子也在增加。女人也一定要自己的圈子才可以。即便是婚姻幸福,也是还需要社会空间的。赛·约翰逊有句名言:"一个人在其人生道路上如果不注意结识新交,就会很快感到孤单。"心理大师马斯洛曾指出,如果一个人被别人抛弃或拒绝于团体之外,他便会产生孤独感,精神会受到压抑,严重的还会产生无助、绝望的情绪,甚至走上自杀的道路。

女人,要是你的同学、朋友、同事、亲戚不够丰富,那么你最好多走出自己的家门,多参加一些派对,多主动和陌生人主动交流。关于发掘人脉、经营交情,人际关系专家总结出了九大原则:

·第一原则:数量决定质量。人脉先求数量,然后再求质量,先广交朋友,再从中挑选出要发展关系的朋友.

·第二原则:自信是最大的资本。切记:没有自信的人很难交到高质量的人脉。

·第三原则:常把微笑挂在脸上,这会改进你的人缘。

·第四原则:要真诚自然的称赞对方。

・第五原则：记住他人的姓名。因为当你自然地叫出对方的名字，这本身就是一种微妙的恭维，谁不喜欢受人恭维呢？一个人的名字对他自己来说，比美国总统的名字还重要。

・第六原则：伤什么不能伤别人的面子，不要在公开场合去指出对方的错误，否则不仅破坏了朋友之间的和谐关系，也会引起怨恨。

・第七原则：做一个卓越的聆听者。学会少说多听，做一个善于倾听的人，因为滔滔不觉常常给人肤浅的印象。

・第八原则：凡事先入为主，所以第一印象是非常重要的。

・第九原则：人际关系有一条真理准则：尽量让别人感觉到是重要人物。

擦亮眼睛找对人，与高水平的人交往

没有比无知的朋友更危险的了，还是有聪明的敌人为好。

——拉封丹

在这个发展迅速的社会中，交际成了人们生活中必不可少的一部分，那么，我们应该与什么人交往、如何交往呢？现代女性要经常与水平高的人交往，这并不是我们"嫌贫爱富"，只是你与什么样的人交往，也就决定了你会成为什么样的人。俗话说："物以类聚，人以群分。"和水平高的人交往，浸染在一个高情趣的氛围中，可以陶冶你的性情，从中受到感染，从而你的生活情趣也会随之高尚，品位自然而然地也会日益提高，可以让你获益匪浅。

同水平比你高的人交往，可以潜移默化地改变你的人生观与世界观，改变你的性格，提高你的修养。这些内在素质的改变，必然重新校正你社会交际的方位与尺度，使你能够更加有分寸地处事、交际和生活。相反，如果你常和那些素质不高或者很低的人交往，不但自己难以得到提高，还有可能为此付出极大的代价。这就好像下棋一样，和棋艺高的人下，自己的水平也会有长进，反之，如果一直和水平低的人下，那么自己的棋艺不但得不到提高，还可能会退步。春秋时期，一代霸主齐桓公本身并没有什么本事，可是他的宰相管仲却足智多谋，有着过人的智慧，正是在他的帮助下，齐桓公成就了自己的霸业；可是，在齐桓公的晚年，他却与易牙、竖刁、开方等奸佞小人非常亲近，甚至还对他们委以重任，结果这些人合谋造反，把他囚禁在高墙深宫之内，最后落了个活活饿死。

与水平高的交往，固然不错，可是如果你的水平与人家相差悬殊过大，恐怕人家也会不屑与你交往的。所以，若想与水平高的人交往，就要想方设法全方位地提高自己。多读书，增强你的文学修养，常言说"腹有诗书气自华"，你的气质高雅了，那些水平高的人自然也就愿意与你交往了。平时多注意培养自己的兴趣爱好，涉猎广泛一些，文学、艺术、体育、财经等等都要了解一些，这样在一起才有话题，否则人家说什么你都不知道，怎么去插话？只有不断地提高自己，你才有可能和更多高水平的人交往，你才有可能得到更大的进步。

在与这些高水平的人交往时，你要谦虚、诚恳而热情，你要学会少说多听，与人讲话时，要注意时间、场合和对象，管好自己的舌头，三思而后言。虽然坦率也是一种优良的品质，可是冲动就不是什么好品质了。

要尽量同水平高的人交往，这样你的生活会更加精彩！

>>> chapter

04

第四章

其实你们的爱没有那么深,为自己的幸福负责

"我相信冥冥之中会有一个人在等我",所有女人对爱情都充满了憧憬,只不过每个女人经营爱情的方法不同,有些女人喜欢 24 小时绑定的,你中有我,我中有你的爱情,有些女人期待的是互相相信,互相尊重,独立而自主的爱情。有些女人的爱情甜蜜而压抑,有些女人的爱情轻松而疏离,成功的爱情应该如何经营呢?

男追女，隔座山，女追男，隔层纱

> 在爱情的路上，我们不也经常让自己变成一只鸵鸟？没有勇气去面对时，唯有逃避，以为这样便会雨过天青。然而，鸵鸟是不能飞，才将头埋在泥沙里；人却是有欲望、有权利去追求幸福的，谁会甘心一生成为情场的逃兵？！
>
> ——张小娴

一个女人究竟应该怎么对待追求自己的男人呢？

有些女人喜欢搞暧昧，暧昧能让她感觉到一种娇宠的快感，一种情感的安慰。有时候，她们的暧昧出自安全感的需要，有时候则是虚荣心的需要。

问题是，大多数男人不喜欢暧昧，他们更喜欢直截了当，讲究实际的功效。对于女人的暧昧，男人往往嗤之以鼻。面对追求自己的男人，要给他们一些不大不小的阻力，让他总有一种渴望，一种彻底了解你的渴望，这是对的，但是，过多的暧昧，却只会导致两种结果：要么追求者走向出轨，脚踏两只船，要么是以退出为终结，男人最后总是说：我不和你玩儿了。真正的会爱和懂爱的女人，不会吓走追求自己的男人。

有些女人像琼瑶爱情故事里的女主角，一辈子走不出自缚的情网。如果在那一堆对你有意思的男人中，遇到心怡的人，请不要再故作矜持了。

正如俗话说的那样："男追女，隔座山，女追男，隔层纱"。男人可以为爱跋山涉水，为什么女人为爱放下矜持。女性要克服自己的害羞，巧妙地把心思传给对方。

首先应作个有心人，多方观察你心上人的兴趣和爱好，然后努力向其靠近。比如他喜欢文学，你可以找机会和他到图书馆借书看，注意看清楚他喜欢哪一类书，以后自己也多借同类书来看，即使是自己不爱看的书也要看个大概，然后找准个机会和他聊上几句，把话题转到这类书的内容上，自然就可以谈得很投机。还有在平常的言谈中你若发现他喜欢什么音乐，可以买磁带送给他；发现他喜欢什么活动，你可以在适当的时候提出一起去。这样他会发现你们志趣很相投，自然而然对你产生好感。

运用肢体语言告诉他。恋爱中肢体语言譬如微笑和眼神交接，都是传递你好感和善意的好方法。眼睛是心灵的窗户，他看着你的眼神，多少也能猜出你的一片心了。要注意的是微笑的长度和弧度，嘴角微扬，至少 3~5 秒的时间；眼神交接不能直直地盯着对方看，应该互视，移开，互视，移开，互视……这样会给对方一种神秘感。

如果他不是很聪慧，你不妨用行动来暗示他。可以用向他借一本书、一把伞等办法给他以暗示，为进一步接触创造机会。暗示后若对方不表示拒绝，就可以采用半暗示法，如邀请对方看电影、听音乐会，或是出外郊游等；还可以赠给对方自己的照片并在背后题上表露爱情的诗词、名句；送对方一束鲜花、几颗相思豆等，也都可以把爱的信息传达给对方。一道结伴同游或爬山，你故意滑倒或跌上一跤，在离他不远的地方，势必引起他的注意；再加上你那楚楚可怜的神态，他势必向你迅速跑来。

　　实在不行，就借助他人之口传达你的爱意。比如你可以借父母的口把你的心里话说出来，这样就不会觉得尴尬。例如"我阿姨经常夸你为人大方热情，爱替他人着想。"他听了一定心里美滋滋的，日久就会感觉这是你对他的评价，并不都是你的家人说的。找准机会，大大地赞美对方，这是使男女之间的关系迅速亲密起来的最有效的方法。

　　如果你不主动出击，幸福就会从指尖溜走。坐等天上掉白马王子是不现实的，矜持的女人们要学会不拘小节、大大咧咧，若发现适合的，不妨大胆去追求，即使失败也无悔。

　　现在，为形容主动猎夫的女人，人们创造了一个新词"婚活女"。"婚活"一词起源于日本，是由"婚姻"和"活动"两词合并而成，意为一切与结婚相关的活动。"婚活女"们像找工作那样去寻找结婚对象，到处参加相亲、交友活动，并为此不断提升自己的形象和气质。

袁君君在沦为剩女的危险关头,做出了令朋友们颇为惊讶的举动:辞职专门相亲!袁君君觉得自己为了所谓的高额工资,经常加班,连相亲约会的时间没有,而且社交面窄,不利于解决终身大事。

辞职后,袁君君在家里除了做兼职挣点生活费,其他时间全用来参加各类兴趣班,而且不是那些女人扎堆儿的课程,而是男人占比例很大的课程。恨嫁的她还交纳了两千元的会费,成为一家最有名婚介所的VIP会员,藉此参加了很多次有各种品质男出没的联谊活动。功夫不负有心人,袁君君两个月后成功"猎"到一优质男。两人在一次联谊会上邂逅,阅人无数的彼此很快擦出了爱的火花。

许多女人择偶难的重要原因是生活空间狭小、社交活动匮乏,择偶范围受到限制。因此,要想获得幸福,就必须向行动派的女人学习"走出去,请进来"的精神——"走出去"就是积极扩大生活圈,多和外面的世界和人物互动;"请进来"就是培养广泛的生活情趣,敢于秀自己。

在工作场合睁大眼睛。尽管"办公室恋情"在有些公司里是大忌,但是白领女性都最倾向于通过工作找到生活的另一半,并且找到人生的另一半,哪怕丢掉工作,又怎样呢?

学校是恋情的圣土。无论是在纯真年代,还是在继续教育中,学校永远是一块滋生爱芽的好土壤，并且在学校里认识的人，知识涵养是有保证的。

朋友圈变成的人际圈。在美国有"世界最伟大的直销员"之称的乔·吉德拉认为，每一个老顾客后面有250个新顾客，叫做"250定律"。每结识一个人就等于有了认识250个新顾客的机会，而你每放弃一次与人交朋友的机会，就等于你和250个顾客失去了联系。同样道理适用于爱情，每多结识一个朋友，就会多250个后备选项。

参加社交活动。相亲派对、商务宴席、私人聚会……虽然未必有收获，但毕竟总有目标。另外，健身房、俱乐部、度假场所等也是不错的场所。

借助网络平台。男性比女性更喜欢在网络上寻造情人，网络可谓是最最供大于求的地方了！

是一次爱够还是分期付爱

> 不爱那么多，只爱一点点。别人的爱情像海深，我的爱情浅。
>
> ——李敖

俗话说，"女人没有爱不能活"，爱是女人的事业。爱情，是女人最喜欢听到的故事。对于美好爱情的向往，对于任何女人来说都是乐此不疲的。爱情来了的时候，大部分女人喜欢用整个生命去爱，爱得没有呼吸，没有空间，爱得"神魂颠倒"，爱得"死去活来"，这本不是错，是习惯，是天性。但是，付出越多，未必收获越多。与她们一次爱个够、一次爱到饱截然不同，有些女人懂得拿捏，为自己的爱开办一座银行，分期付给对自己有兴趣的男人。

女性奉献给爱情越多，给男人太多，留给自己的就越少。爱情，应该是人生的一部分，而决不是生命的全部。

一个如花少女，在自己人生最美好的时刻，嫁给一个她曾经相爱的男人。为了他，她放弃了学业，放弃了工作，把她的心，把她的血，把她的全部情感，像海洋，像喷泉，悉数奉献。厮守多年，丈夫另有新欢离她而去，孩子们长大又各有各的家。最后，她年仅四十二岁，头发全白，牙齿全落，身体佝偻，依门而望……盼望那回心转意的丈夫，一天又一天，一月复一月，一年又一年，苦苦地等待与期盼。丈夫没有回心，而最后无声无息地倒在那已经残破不堪的门槛上。

女人的热恋期，是情感最高涨的时期，也是智力最低下的时期。男人都不太重视对自己太好的女人。可是女人一旦陷入爱情，就会忘记这一点。爱男人的心如一团棉花，即使伤害如把利刃反复砍剁也不会让她佛手而去。爱情对于女人来说，一旦遇上了、动心了，就像吸上了鸦片，总是希望能永远沉醉其中，感受它的飘飘然的浪漫，轻易不愿摆脱，也摆脱不了。

张爱玲爱胡兰成，因为他说她是"临水照花人"。只这一句，张小姐这样有着旷世才情的奇女子也不惜心甘情愿做起了胡的小三，还说自己是"尘微中开出的花朵"，既卑微又幸福的小女人状，未能免俗。

张爱玲为这段恋情拼命地付出。她不介意胡兰成已婚，不管他汉奸的身份。战后人民反日情绪高涨如昔，全力捕捉汉奸。胡兰成潜逃温州，因而结识新欢范秀美。当张爱玲得悉胡兰成藏身之处，千里迢迢觅到他的时候，他对她的爱早已烧完了。张爱玲没能力改变什么。可怜，痴情的张爱玲，却依旧无法在灵魂里将这个深爱的男人抛却，而最后，孤独地死在美国的独居公寓中。

恋爱中的女人喜欢给自己缝一个叫做"幸福"的口袋，然后一头钻进去，直到口袋里的空气越来越稀薄。可等到想出来的时候，却发现已经没有了出口。当初是谁一针一线把口袋缝上？正是女人自己啊。等到艰难地爬出来的时候，女人会悲伤的发现，外面的天空也很灰暗，是天气不好吗？不是，是她的眼睛她的心，变得灰色。

男人出问题的时候，执迷不悟的女人还会怪自己付出的不够。其实不然，女人付出越多，越把男人宠坏了，付出越多，选择的机会越少。感情的事，一味的付出并不一定能换来收获，这是一个相互交流过程，若付出太多，可能给对方造压力，反而不好。

《坏女人有人娶》的作者谢里·阿尔戈说："女人在男人面前保持魅力的秘诀就是：只给一点，即刻收回；再给一点，再收回。这就有点像小孩子们在学校玩的追人游戏，你就是那个被追的，如果你老是配合他，他就懒得追你了，如果你总在跑，他总跟着你。即使你们结了婚，每当他对你不来电时，就要想方设法给他的电池充足电。"

有些女人不甘愿做苦情女，一味地付出又付出，她们懂得若即若离，让男人可望而不可即，吊尽胃口始终让他求之不得。

事实证明，有时候男人就是这样犯贱，你离他远一点，他就会追得认真一点；你越不冷不热，他就越激情澎湃；你越转身离去，他越迎头赶上。

小蝶在恋爱中对男友呵护备至，只要他一个电话，无论何时何地，她都会飞奔而去；无论寒暑冬夏，她都义务为他打扫卫生、洗衣做饭，从未间断；她也很舍得为他花钱，出门购物，提袋里买的都是他的衣物……她说："没办法，谁叫我那么爱他，我的心里装的全是他！"长跑五年后，到了谈婚论嫁的时候，男友突然来一句："没感觉了。"

让她更加气愤的是，刚刚分手的他喜欢上了自己的同事，那个女人对他爱理不理的，他却着了魔似地狂追对方，人家越不把他当回事，他还越来劲。"男人这是怎么了？"小蝶不懂。

专家说，男人对"三不女"最感兴趣：深藏不露、捉摸不透、飘忽不定。一味付出的女人，等于在一段爱情里，毫无保留地曝光了自己，燃烧尽自己。这样的女人让另一半觉得再也没有了嚼头。所以说，爱不能一次全部给完，要一点点分期分量给，让男人永远不知道下一个甜点是什么。

若即若离，分期付爱，保持一定的神秘感，男人反而会粘着你。与男人保持若即若离神秘感的女人，仿佛披着生物保护色在树丛中四处躲闪且又时刻在招摇的猎物，更会激起男人无限膨胀的征服欲。

每当男人主动接近的时候，要按住自己的冲动与窃喜，欲擒故纵一番。

当别的女人大献殷勤投怀送抱的时候，要反其道而行之，欲说还休，欲拒还迎。

也许你已经习惯了紧紧地抓着他的手的温暖感觉，当他习惯性地握着你的手时，偶尔轻轻地抽开，会调动他的爱神经，之后他的手一定会更用劲。

假日离别就是制造距离的好机会，当你再见到他的时候，去想一下你们第一次拥抱的感觉——羞涩中带着一点推脱，在最熟悉的拥抱中找寻那久违的矜持，慢慢地热起来会让男生感觉很不一样，他也会和你一样爱上这种新鲜的矜持。

不要总是在他面前一览无余，要学会掌握掩的艺术，不管彼此再熟稔，也应尽可能避免淋漓尽致，暴露无遗。

女人就是要多变。日本大作家渡边淳一说："所谓爱情并不只是一对相爱男女的结合，他们相互间扮演着父亲、母亲或朋友的角色，必要时各自展现出孩子般天真幼稚的一面，如此等等都是爱情的组成部分，如果没有这些，恐怕很难称得上是真正的爱情。"

男人有着女人估测不准的好奇心和探索欲，当他进入一段全新的感情，就像一个小男孩第一次打开一盒新的拼图一样，要是拼图是拼好了的，他的兴趣当即烟消云散。如果这个拼图是毫无章法的，必须让他自己去动脑、想象、部署，才能拼到一起的话，他的大脑就会像受到了刺激一样异常兴奋。

在你找到王子之前,你得亲吻无数青蛙

> 迅速把握生命阻止生命的飞逝,运用生命的活力来补偿生命的仓促潜逃。
>
> ——蒙田

幸福不会主动来敲门的。

女人是一种情感的尤物。女人的一生,常是寻找归宿的过程。寻找的本身就是痛苦。女人总是感叹:男人没有几个是好东西。可她们也很清楚:自己离不开这东西。正如张爱玲说的那样:"女人一辈子讲的是男人,念的是男人,怨的是男人,永远永远。"不要以为张爱玲说的"女人",只是莺莺燕燕的小女人们。即便精明的大女人,工作可以无限条理分明,而在爱情这档糊涂事上,却和小女人并无二致。

塞缪尔·贝克特在《等待戈多》里讲述了这样一个荒诞故事:一直等待一位叫做戈多的神秘人士的到来,此人不断送来各种信息,表示马上就到,但是从来没有出现过。有时候以为戈多真的来了,但又证明不是。反反复复,终于没个结果。倒是时间在无

情逝去。

女人内心殷殷期待、其实自己也说不清的"另一半",就像那个传说中的戈多。奉行真爱主义的小女人为了"他",甘愿花大把的时间去等待,宁缺毋滥。或许,锲而不舍地追求和执著地等待,最终会有所收获。但是,爱情终归不是一件唾手可得的东西,也从来都不是人人有份。所谓"韶光易逝,容颜易老。"缘分是可以等的,但是岁月却在飞逝。

女人都会对爱情充满幻想,在自己的幻想城堡中编织一个个天长地久、地老天荒的童话故事。大女人与小女人的区别在于:幻想期限有长有短。务实的小女人,会逮住一段差不离儿的爱情,刀枪马快地直奔婚姻主题;执迷不悟的大女人,始终做不到对爱情死心,在"过尽千帆皆不是"的怅惘中,把自己像清仓货物一样甩卖出去。

台湾有一对姐妹花——大小S。大女人的大S相貌出众,却迟迟难嫁。大S曾说,她愿意活在童话世界里,永远相信真爱,永远期待白马王子的出现。哪怕最后百年孤独,但从生到死,至少不会辜负自己。大S与蓝正龙、仔仔这两位帅哥高调谈过恋爱,最终因为对爱情的过于理想化而先后分手。

相比之下,妹妹小S长相平庸,反倒以飞一般的速度嫁人、生下两个小孩。小S貌似张扬,实则百分百的小女人。她和姐姐一样对爱情充满幻想,一样的追求浪漫,但是她更务实一些,每段爱情都飞蛾扑火，全心投入，一旦悟到那个人就是"对的人"，当即果断地走上了婚姻之路。

戴安娜王妃曾说过："在你找到王子之前，你得亲吻无数青蛙。"两性关系就像在试鞋，合不合脚、能走多远都很重要；只是，年轻的你不急着屈就一双鞋，因为男人跟鞋一样都有不同的款式与功能，如果你乐于买下一柜子的鞋，也可以大方拥抱不同的男人。

幸福与否，关键在于选对人。在对的时间，遇见对的人，是一生幸福；在对的时间，遇见错的人，是一场心伤；在错的时间，遇见错的人，是一段荒唐；在错的时间，遇见对的人，是一阵叹息。女人一下子要找到自己的 MR,RIGHT，这种概率实际上微乎其微。

《母道》一书的作者王开敏老师有一个很著名的择偶"牵马理论"——婚前多牵马儿，不要轻易上马。这个理论源自王老师的亲身经历："记得在很久以前的一个夜晚，当我为了选择对象的问题征求父亲的意见时，他语重心长地告诉我一句话，我至今记忆犹新，因为这句话使我成为了受益者。父亲对我说，女孩选对象就如同骑手在选马。要多牵几匹马，轻易不要上马，轻易不要下马，还要学会饲养好你选中的马。我把这句话牢牢记在心里，并用它来指导我对于对象的选择。"

一个女人为了幸福着想，不妨多给自己一些机会。要想找到理想的对象，首先就要先了解男性，而了解的最好方式就是多交往些男性，比较他们的优点与缺点。只有在与不同男性的交往过程中，你才有可能从中找到比较理想的类型。婚前多牵几匹马，婚后后悔的几率就会小一些。

大作家王海鸰写了很多引起社会轰动的婚恋小说，譬如《牵手》、《中国式离婚》、《新结婚时代》等。而其本身的婚姻是不幸的，原因正在于"牵马太少"。王海鸰在一次笔友会与后来的丈夫一见钟情，她自信眼光很准，认定对方就是自己要找的人。婚后很快他们就发现自己的归属不是对方。后来，她发现自己怀孕了。于是，就把注意力马上转到了肚子里的孩子身上，哪怕长时间不回来看她，她也不再计较了。孩子快要出生的时候，王海鸰打电话让丈夫回来，他磨磨蹭蹭终于来了，但显得归心似箭。孩子出生14天他就走了。王海鸰这才意识到，他早已经有人了。王海鸰在谈起失败婚姻的时候，不止一次告诉年轻的女性，要克制婚前的冲动，多给自己一次挑选和比较的机会。

婚姻专家分析指出，有近六成的失败婚姻是一时冲动的草率行为。嫁人的时候，看的是一时，想的是一生。给自己一点时间，给他一点时间，考验你也好，考验他也罢，婚姻毕竟是一辈子的事情，女人可以容易被感动，但是不要轻易做决定。

找一个靠谱的恋人一起奋斗

> 爱情里面要是搀杂了和它本身无关的算计，那就不是真的爱情。
>
> ——莎士比亚

爱情，我所欲也；面包，亦我所欲也。二者不可兼得时，让人举棋难定。

女人对美好爱情充满着幻想，爱情在她们的心中至真至纯，至高无上。在她们的眼中，爱情代表着唯美、浪漫与温馨，给人无限的快乐和甜美的愉悦感；而面包则代表着琐碎、庸俗、势利等一些现实压力。在她们的信念里，有了爱情就有了一切，所以才会不顾世俗的眼光，不顾父母的强烈反对，飞蛾扑火般追求自己理想中的爱情。

但是还有一些女人认为，爱情很重要，但可遇不可求，爱情是奢侈品，面包是必需品，她们绝对不会为了精神层面的爱情而义无反顾舍弃面包。

有这样一则小故事：说一个适婚女在征婚时开出了这样的条件，第一要有车，第二人要帅。经过一番搜索后，电脑给出她一个答案：象棋。

适婚女不死心，更改了自己的征婚条件，第一要有漂亮的房子，第二要有很多存款。经过一番搜索后，电脑给出她一个新答案：银行。

适婚女还不死心，再次更改了自己的征婚条件，第一人要长得酷，二是要有安全感。经过一番搜索后，电脑给出她一个新答案：奥特曼。

"婚姻有起步价"不知不觉间成为了社会的常态，原本单纯的爱情，正是加载了金钱、房子、车子等"筹码"而变得不那么纯洁了。嫁个有钱人其实不像想象的那么享福。那些实现了个人富裕的物质男，他们也不会白痴到非要娶一个败家娘们。带着珠宝嫁给金矿的女人，命运也不见得平稳。有钱人花心、风流，且未必大方。林凤娇心不甘情不愿也当上了"小龙女"的后妈，贾静雯嫁入豪门结果赔钱还得为争子奋斗不已。美国有项社会调查，全美有钱男人中的40％都承认，因为忙于挣钱，而忽略了妻子。有钱人其实更醉心于权力和金钱，不看重夫妻关系。所以，嫁个有钱人，你可能会过上奢华的生活，但必须对身边的莺莺燕燕视而不见，又或者是独自守着他的钱和无比豪华但空洞的大房子，任青春在看似风光中流失。

婚姻需要稳定的生活保障，结婚、过日子、生孩子，这些都是很现实的问题。物质是很重要的，问题是，这些必备的物质为什么一定要捡来而不是一起挣来呢？

有房有车不一定幸福，没房没车也不一定不幸福。重要的是，清楚自己想要的究竟是什么样的幸福。如果一个男人爱你，为什么不给他和自己一个机会，一起吃苦也是一种幸福啊。正如周华健那首歌所唱："就算有些事烦恼无助，至少我们有一起吃苦的幸福。"

有这样一个真实的故事。故事的主角在大二的时候相恋。他的老家是在一个偏僻的山区里，家中生活条件十分拮据。因此，他为了能给父母减轻一些负担，在学校的生活异常简朴。在食堂吃饭的时候，他总是买最便宜的菜吃，甚至连续半个多月都吃咸菜条。她在发现这个秘密之后，总是故意打最好的菜，然后将大半拨到他的饭盒里。

在那个暑假来临前的日子，他放弃了回家的念头。然后，他独自来到电子信息城，跑了数十家公司，他希望能够找到一份临时的工作。然而，当那些公司知道他只签2个月的合同时，都拒绝了。

后来，他意外发现在宿舍后院，有一辆以前清扫垃圾时用的废旧板车。在经过校领导的同意之后，他自己掏出几十元钱，将板车损坏的内外胎重新更换了。他决定在暑假期间,利用这辆板车到街上去收废品。她知道后，便阻止他说："你是一个大学生，怎么能做这个呢？"他听了淡然一笑，说，这有什么呢？我原本就是从乡村里出来的。

放假时,她执意留下来陪他。他第一次拉着板车走在繁华的街市上,也感到有些难为情。但是,他鼓足勇气,喊出第一声"收废品喽"的时候,就变得从容多了。刚开始,她总是羞怯地站在他的附近。渐渐的,她像被他的从容给感动了,也走上前来,陪他一起拉车。慢慢地,也会模仿他的样子,喊上一声:"收……废品……喽……"在那些日子里,他俩的面孔都被太阳晒得黑黑的,而结果是令人欣慰的,因为在不到两个月的时间里,他已攒够了下半学期的学费。

后来毕业了,他应聘进入一家非常有名气的电器公司工作,她则进入另外一家公司。几年后,他因为表现出色,被提升为研发部门主管,薪水和待遇都非常优厚。事业有成的他,再加上有一张英俊成熟的面孔,便不可避免地成为一些年轻异性同事眼中的偶像,其中,有一位年轻靓丽的女下属,频频向他表示爱意。

终于一天下午,他和那名同事约会了。在喝咖啡的时候,他以第三人称的口吻,跟她讲起那段拉板车收破烂的往事。当这件往事从他口中说出来时,已经变成了一个令人同情的故事。故事讲完了,他很认真地问:"如果你是那个家境优越的女孩,你会陪那个贫穷的男孩一起上街收破烂吗?"

她摇了摇头。而他竟释然地笑了,说:"爱一个人,就是要陪他一起吃苦。你知道吗?故事里的那个女孩就是我的妻子。"说完,他很有礼貌地起身,并先她走开了。

是的,他没有出轨。他怎么可能会出轨呢?有这样一位优秀的女人一路陪着他,其余的诱惑充其量是路边的风景罢了,他拥有的是真正的伴侣,快乐幸福不孤单,为什么会为风景滞留呢?

易求无价宝,难得有情郎。真爱无价,情义无价。其实,一起吃苦、一起奔小康,才是一种天长地久的资本。女人啊,与其削尖脑瓜子去嫁入豪门,不如找一个靠谱的恋人一起去奋斗。

少一点吹毛求疵，多一点欣赏和赞美

> 爱情，就是我们渴求着失去了的那一半自己。
>
> ——柏拉图

很多孤傲的女人美其名曰"宁缺毋滥"，实际上像挑选萝卜白菜一样纵容自己挑剔男人。女人要选择的是一个合适的伴侣，而不是一个完美的对象。对男人本身太过挑剔的人，是很难找到男人的。务实的女人懂得欣赏男人，她们愿意为了幸福而给自己和"不完美"男人一个机会，也正是这样的女人才最容易获得幸福。吹毛求疵的女人整天高呼：好男人到哪里去了？而宽仁大度的淑女们会发现：好男人就在身边。

每个单身女人的身边，肯定有几个类似于电影《无穷动》里那几个唠叨女人一般的闺中密友，个个都是刀子嘴，每逢扎堆就你一言我一语地数落身边的每一个男人，并以此为乐。这样太八卦，容易养成"挑食"的坏毛病。就是自己找到男朋友，他都被你的闺密们的唾沫给淹死。

就像那句广告语：得了灰指甲，一个传染俩。单身也会这样。

有时候，正因为有姐妹们在，会影响你积极主动追求婚姻幸福的激情。

台湾著名主持人小 S 宣称：见色忘友才是王道。在她看来，女人一旦遇到合适的男人，就不要太在意身边人的意见。

在台湾娱乐圈著名的"七仙女"（大 S、小 S、范玮琪、范晓萱、吴佩慈、阿雅和 Makiyo）中，姿色原本最逊的小 S，却最先找到了归宿。小 S 经常被美艳的单身姐妹们大骂：最见色忘友。结婚后的小 S，更是脱离了"组织"。

姐妹之情固然重要，但是大可不必刻意而为之。过了适婚年龄，追求幸福本来就是一件很不容易的事情，很多爱情已然可遇不可求，千万不要姐妹的毒舌、姐妹的负面案例、姐妹的妒忌等等，而与为数不多的幸福擦肩。不害怕被女性朋友厌恶。真正的好姐妹会不计较你因为爱情而疏远她们的，她们也会为你祝福的；而如果她们心存芥蒂，那么说明你们的友谊是脆弱的，有何必在乎呢？

单身的女人要牢记：在同性间的人缘再好也无法让你的父母抱孙子，博取男人欢迎的招数就尽可能地使出来。

心理学家讲过一个理论：女人的择偶观呈金字塔形的，底座是要忠厚老实，再往上一摞一摞的加，那么加到最后把她对一个男人、父亲，包括她社会上的同事、她的老板，所有东西全部成一个金字塔，到最后她发现她什么也找不着了。

"好男人都到哪里去了?"爱挑剔的女人寻寻觅觅,兜兜转转总是找不到一个好男人,好男人都长得丑,帅男人人又不好,又帅又好的男人都结婚了!又帅又好又没有结婚的男人没能力!又帅又好又没有结婚又有钱的男人对我们没兴趣!又帅又好又没有结婚又有钱的男人又对我们感兴趣的男人都是花花公子!又帅又好又没有结婚又有钱的男人又我们感兴趣还不花心的男人是同性恋!……不是好男人绝迹了,而是女人自己的态度出了问题。

每个女人对爱情、婚姻都崇尚完美主义,难免会畅想着有一个各方面都优秀的男人,在择偶时也比较挑剔,只看别人的缺点,而且缺乏包容,这样很容易让自己失去很多机会。

有这样一个故事告诉我们:美中不足才是常态。有个樵夫在山上砍柴时捡到了一块很大很漂亮的玉,他非常喜欢。但是,让樵夫觉得可惜的是,这块玉上面有一些小瑕疵。樵夫想,如果能把这些小瑕疵去掉的话,这块玉就完美无瑕了,到时候就非常值钱了。于是,他把玉敲掉了一个小角,但是瑕疵仍在;再去掉一角,瑕疵依然有……最后,瑕疵是被去掉了,但玉也被敲得支离破碎了。

想追求完美无缺的事物,本是无可厚非的,然而,这种愿望一般情况下是不可能实现的,落空是必然的结局。"优点与缺点齐飞,长处共短处一色。"最完美的是最好的,但是最好的却不等于就是最完美的。"白玉无瑕"是基本不可能的,"瑕不掩瑜"才是正常的心态。

"人无完人,金无足赤"、"水至清则无鱼,人至察则无徒"、"不可求全责备"、"不必吹毛求疵"、"全则必缺,极则必反,盈则必亏"等等,这一条条的名言隽语,说的都是这个意思。

婚恋专家提醒适龄男女,要建立良性的择偶观念,合理认识自我,要根据自身条件而不是理想化去物色对象,对自己做一次重新评估。比如自己外表和经济等条件不错,但性格方面是否那么完美?正确认识自己有助于自我修正,从而学会与人相处,恢复或增强爱与被爱的能力。

法国有一句谚语说:"当你真心爱一个人时,那人除了有崇高的才能外,他还有一些可爱的弱点这也是你爱他的重要关键。"的确,欣赏"缺陷"或许更幸福。缺陷的存在让彼此可以轻易地在对方身上找到自己的一个位置,让彼此互相需要,就像一条板凳的每一个榫头都需要有个卯眼一样。并且,接受了另一半的缺陷,在未来的人生道路上你会时时品味到惊喜,因为从一个人的缺陷处靠近一个人,保证了你以后的每一个发现都是一个闪光点——原来他并不是那么糟!

爱情，既不能勉强，也不能凑合

> 如果有一天我们不在一起了，有一些东西你必须永远记住：你比你相信的要更勇敢，比你所看起来的要更坚强，比你所想的要更聪明，但是最重要的事情是，即使我们分开了，我也会一直和你在一起。
>
> ——小熊维尼

如果有一天，感情走不下去了，怎么办？

有些女人"造分手而衔涕，感寂寞而伤神"，有些女人"你我不必同行，就此分手，各干营生去罢。"

一段爱情缘分散尽的时候，男人最怕的就是那种死缠烂打揪着不放的女人。其实死缠烂打也不是什么不可原谅的事情，这代表着她们对爱的执着。只是，那个人的心已经不在了，即便得到他的回头，变了心就等于变了质的男人，你确定自己还会像以前那般爱他吗？抓紧一个男人不等同于抓紧爱和安全感。更何况，男人心死的时候，是很难拉回的。

作为女人，不能把时间浪费在分手一事上。当双方不爱的时候，应该选择头发甩甩大步走开，先行放手。正如张小娴说的那句台词："先说再见的人永远占上风。"对于不忠于爱情的男人，对伤害大过爱的男人，分手是最明智的选择。大女人相信，下一个男人会更好。因为经过爱情挫折，她们懂得了真正想要的、想追求的到底是什么，也懂得了如何去盛满幸福。

爱情，既不能勉强，也不能凑合。当你意识到某种"不对路"、爱情无法顺畅继续下去的时候，千万不要拖泥带水，要及时说"No"。

说第 1 次"No"，展现出人格的独立；

说第 2 次"No"，他再也不敢小看你；

说第 3 次"No"，他开始尊重你了。

男人喜欢有个性的女人。他们不只是说说而已，实际上他们真的这么想的，他们的内心深处，其实很佩服敢于对自己说不的女人。

不合则尽早散，长痛不如短痛。一对离婚的夫妻，当他们双方都发现对方不再是自己的终身伴侣时，终于平静地选择了分手。分手后，他们在孩子的面前从不说对方一句坏话，即使见面后也显得自然得体。数年过去了，当孩子大学毕业以后，这么评价自己的父母："他们是我的好爸好妈，但他们不是好夫妻。上帝配对时配错了。好在他们自己重新再配了对。这样好，彼此都幸福，幸福总比痛苦好。"

如果他总为别人撑伞

你何苦非为他等在雨中

挥别错的才能和对的相逢

离开旧爱像坐慢车

看透彻了心就会是晴朗的

没人能把谁的幸福没收

梁静茹的《分手快乐》唱的深入人心。谁说分手一定要痛哭流涕。从提出分手的刹那，到勇敢走进另一段新恋情，都是人生中无可取代的历练。

破坏平静的，永远是自己的心。人的痛苦，大半是沉溺于过去，不舍得放手，无法重新开始。儿童跌倒会立马爬起来，而成人往往缺乏这样的勇气，所以孩子会长大，成人只能老去。

杨澜曾在给她女儿的一封信中，写道：

"离开了任何一个男人，你都会活得很好。感情的事情并不是谁能把握得了，为什么要被一个男人而让自己陷入不愉快的心情中呢？一个不懂得欣赏你的男人，没有资格让你为他难过悲伤，每一个女孩都是美丽的，她在等待着一个懂她的男人出现，某个男人的离开，只能说那个懂你的男人还没有出现，男人不是女孩生活的全部。

"曾经我也以为我离开了他我不能活了，后来我问自己100遍：离开了他，我还能不能活？结果有120遍回答是：我会活得很好。女孩们千万不要践踏了自己，不要以为委曲求全就能换来一个男人的爱情。爱情是美丽的，女孩子也是美丽的，不容任何一个男人亵渎！离开那个不懂欣赏你的男人，这就是最华丽的转身，虽然心有不甘，但是痛苦的折磨反而让自己没有精力去经营你的工作或学习。"

女人的恨是对过去"爱"的留恋和不甘心。女人在没有找到真爱的时候，势必会恨从前的旧爱。当一个女人还在痛骂她的前男友，代表着她在心理上还没有结束，也还没有准备好开始新的生活。当找到真爱，心真的有所归属的时候，她对以前的爱和恨还是很容易宽恕的。因此要从上一段感情中解脱的最好方法，就是尽快投入到下一段新感情之中。

每一个女人都不应该去恨曾经爱过的那个男人。如果上一段感情是痛苦的，那就把它埋葬；如果是痛苦和快乐参半，那就把它收藏；如果快乐多于痛苦，那就把它珍藏。一个女人对旧爱的态度，决定着她新爱的质量。当她能够脸上洋溢着幸福谈过去的爱情时，代表着这个女人得到升华，意味着更成熟，她会忽略许多东西，有意地去遗忘，去埋葬很多不愉快，选择性地留下了美好的东西。

爱情诚可贵,自由价更高

> 妻子如果一方面要把丈夫紧紧抱到怀里,一方面又要他出人头地,天下根本没有这种便宜的事。
>
> ——柏杨

相爱容易,相处难,两个人如何穿越岁月长河呢?

琼瑶说:"一个妻子没有办法把丈夫拴在身边,那是做女人的失败。"把男人"拴"在身边,靠的是技巧,而不是蛮力。女人经营爱情的方法不同,有些女人喜欢24小时绑定的、你中有我、我中有你的爱情。有些女人善于把男人的目光从自己身边移开,吸引到世界上去。她们明白,他是挽着自己的手,然后把目光投向世界的。如果自己硬要把他的目光锁定在自己身上,总有一天自己会被挖空、掏空、耗干,最终被他彻底埋葬和遗忘。

两个人相处久了最害怕什么?不是争吵,也不是劈腿,相反是由于双方谙熟之后的冷漠和疏离。女人在婚恋中一定要有主见,没错。但是,万万不可把主见等同于死死掌控另一半。女人可以做主导,但是不可以对男人控制的太死。过犹不及,掌控过度反而会失去对方。

《中国式离婚》里，蒋雯丽扮演的妻子林小枫，她的疯狂、怀疑导致了这场普通的婚姻最后陷入绝境。在最后的离婚宣言里，觉悟的林小枫讲述了这样一则发人深思的故事："一位姑娘出嫁前询问母亲婚后如何把握住爱情和自己的丈夫？母亲顺手抓起一把沙子，那沙子在母亲松松的拳头里一点也没撒落，然后，母亲用力握紧了拳头，沙子便从指缝间滑落下来，母亲张开手，掌中的沙子已变成了僵硬的沙块。姑娘明白了，爱情和婚姻就像手中的沙子，无须刻意的去把握它，你越是想牢牢抓紧，它越会被挤压得干瘪，最后离你而去。"

"不让你下馆子，是因为你的血压高，不能吃的太油腻；不让你看世界杯，是因为你第二天要早起上班，不想你熬太晚；不让你抽烟喝酒，是为了你的身体健康……"女人不明白明明是对男人的一片关心、爱心，为什么会被看成是狠心、坏心，为什么自己幸福的表达到了男人那里却成了幸福的终结。

爱情和婚姻都像一只风筝。男人就像风筝，飞得再高、再远，风筝线拿在女人的手里，终归还是会回来的。男女之间贵在长相知、不相疑，理解和信任对于男人和女人来讲也是非常重要的。

女人要懂得运用智慧和才情，拉好手中的线，松不得也紧不得。松了，风筝没有了适当的牵引则会失去方向；紧了，风筝就飞不起来了。就好像晚年的托尔斯泰一样。

托尔斯泰其实跟索菲娅在恋爱时是很美好的，可是结了婚以后，索菲娅总是要看他的日记。因为托尔斯泰是一个大师，他没有忌讳的，他什么想法都写的，而且他想的是大问题。可是索菲娅看他日记以后，总是往自己身上联系，说某些话是针对自己的，然后跟他吵架，弄得托尔斯泰烦急了。最后托尔斯泰觉得"我不是我原来的我了，我的精神上完全变得平庸了，我写东西想着另一双眼睛看着我写的东西。"后来托尔斯泰想了个办法，他写了两份日记，一份可以给他太太看的，一份不能看的，没地方藏，藏在靴子里面，结果还是给他太太翻出来了，又大吵一架。最后老年托尔斯泰出走，死在一个小车站上，就是这样造成的。

　　不管是女人还是男人，没有空间的生活会让人窒息。谁都需要自己心灵上的一片空地，在那里尽情的宣泄想要宣泄的情绪。"控夫欲"过旺的女人就好像索菲娅一样，让自己的男人没有空间，让他的灵魂窒息死亡。

　　"在城里的人想逃出来，城外的人想冲进去。婚姻也罢，职业也罢，人生的愿望大抵如此。"钱钟书一句话，便把两性关于婚恋的纠结纠缠，洞彻透析了。在婚姻的围墙里，男人在无奈的长叹着：爱情诚可贵，自由价更高。

　　那么女人们应该怎么办呢？

○ "无为而治"

　　聪明的女人不会过分管自己的老公。老公有应酬的日子不会查三问四；老公同事来家里玩，她总是热情相迎，无论是聊天还是麻将；无论在家里如何，在外人面前，绝对让老公做老大；老公做家务的时候，就搬个凳子陪他说话，即使饭菜烧的味道不怎么样，也吃得似美味佳肴……女人的"无为而治"反而会减少好多争吵。

○ **尊重男人的隐私**

"开会呢吧，对，说话不方便吧，嗯，那我说你听，行……"由王志文、陈道明这两个大哥大级组合出演的《手机》，在已婚男女中引起了爆炸效应。一部手机不仅仅是交流的工具，更是成为女人重点的监控对象。而男人也已经习惯在回家前将所有不正当交流记录统统删除，男人和女人就好像是作案高手和名侦探，你来我往看谁技高一筹，谁是最后的赢家。只是，真的有最后的赢家吗？在隐私和反隐私活动中，最后的结果只能是两败俱伤。

夫妻间也是要尊重对方隐私的，周国平曾说过："一个家庭里面应该有基本的诚实和透明度，但是在这个前提下，还应该尊重对方的隐私权，……我想互相尊重隐私权，一方面基于爱和信任，另一方面是基于人性的理解和宽容，我觉得一个人羞于去追问自己所爱的人，他那个难以启齿的那些小秘密，这是一个人在爱情中的自尊和教养，他不愿意说你就不要去追问他，包括他跟你认识以前的，跟你谈恋爱时候的，和婚后的，尤其跟你谈恋爱以前的，那些事情人家不愿意说，你去问他干嘛，他和你没关系实际上，当然他愿意说是另一回事。"聪明的女人，不会去碰男人的三件东西：手机、钱包、聊天记录。男人的这些东西基本可以代表他的全部隐私。

○不要跟男人较真

男人是好面子的动物，而且是一种虚荣心很强的人类。如果在不恰当的场合拆男人的台，后果是很严重的。所以如果想让男人对自己有好感，一定要虚怀若谷，宽容至上，不要与男人较真，更不要跟他斤斤计较。聪明的女人，三分流水二分尘，不会把所有的事探究个一清二楚。

能够白首偕老的夫妻，都是能够掌握适度感情的夫妻。婚后的女人，真的该懂得如何让风筝自由高飞，又不至于断线。该放手的时候给它尽可能多的自由，遇到强风时避过风头再将它收回到身边。不要把老公当家产来管理，当孩子来管制，要有所为有所不为，切记：风筝不断线，爱情、婚姻才真正和睦、牢固。

相互搀扶，才意味着幸福

> 太依赖的女人是可怜的，太独立的女人是可怕的。应是人格上独立，情感上互相有所依赖。
>
> ——周国平

《圣经》上说："两个人总比一个人好，因为两人劳碌同得美好的果效。若是跌倒，这人可以扶起他的同伴；若是孤身跌倒，没有别人扶起他来，这人就有祸了。"两性需要结合，需要相互搀扶，才意味着幸福。在中国文字中，"好"字也说明了两个人结合在一起的意义——"女"与"子"，也即女与男结合起来，才是美好。找到那个相伴终生的人，才意味着最终有了归宿。关于这一点，女人比男人更迷信、更执着。

在对待"另一半"的态度上，女人之间是截然不同的。有些女人喜欢把男人当作靠山，当作一生的支柱。她们一旦爱上某人，很容易丢失自己；当她沉浸在爱里，眼里和心里只有一个人，先他忧而忧，后他乐而乐。

有些女人则强调男女平等，女人应当和男人一样享有同等的社会地位和家庭地位。即便是为了爱情，她们也不愿意牺牲自尊和既有的一切，去迎合男人。甚至某些女强人完全不把男人放在眼里。

就本质而言，有些女人以男人为中心，有些女人以自我中心。问题是，幸福在于如何更好契合，而不是计较孰轻孰重。

女人是最经不起折腾的，女人最不该过不去的就是自己的幸福。当知觉幸福就要来了的时候，就不要在乎男尊女卑还是女尊男卑，让所谓的女权主义和自尊自恋见鬼去，全情投入，拥抱幸福。如果爱你的男人很成功，你自信也可以驾驭他，做他背后的女人未尝不可？

文学大师梁实秋的夫人程季淑，每晚都要躺在床上看书等梁实秋回家，三十多年如一日。有一次她只是淡淡问他一句："你上楼时，是不是一步跨上两级台阶？"自此拴住了梁实秋的心。当文学大师惊异地问自己的妻子如何得知？她回答说："我听着你的脚步声，数着响声的次数，和楼梯的级数不相符。"

面对这样的细心的爱，哪个男人会不珍惜？梁实秋后来说："我确实恨不得一步就跨进我的房屋。我根本不想离开我的房屋。吾爱吾庐。"程季淑全力做梁实秋的坚强后盾，换来了他一生的忠实、尊重和爱护。

有一种力量，微微的却能使人变得坚强，那就是女人对男人的支持；有一种爱，淡淡的却能给人无限希望，那就是女人对男人的爱。

两性专家说,男人的强大,是一种不得不为的伪装;他们的内心世界,其实是社会重压之下的脆弱。而作为女人,要懂得男人的艰难,给予男人一定的关心爱护,懂他、爱他、哄他、惯他、宠他、管他,陪伴着他走过这风风雨雨的一生。

受伤的时候不诉苦,失败的时候说无所谓,这样的男人,生活中有,但不是很多,大多是出现在电影和电视剧里。生活中的男人,不论他们是成功的佼佼者,还是失败者或碌碌无为者,首先他们应该是人,然后才是男人,他们强硬时可以顶天立地,他们脆弱时也可以不堪一击。不论多么伟大的男人,都会受到女人的影响,需要在女人的关怀和照料下慢慢成长。

聪明的女人始终信任自己的男人,甘愿用自己的人生换取男人的成就,她相信,男人的成功让牺牲变得有价值,这是一次甜蜜的冒险。她们用眼睛看,也用内心的爱去激发别人没有发现的特质。男人都是自己的,他的成功当然也就是自己的成功。

爱他,发自肺腑,真心实意地爱他,让他体会你的爱,习惯你的爱,离不开你的爱。

徐志摩写道:"我望着户外的黄昏,如同望着将来,我的心震盲了我的听。希望每一秒钟上允许开花,我守候着你的步履,你的笑语,你的脸,你的柔软的发丝,守候着你的一切,希望在每一秒钟上枯死。我也知道这多半是走向毁灭的路,但为了你,为了你我什么也都甘愿。"

张爱玲写道："遇见你我便得很低很低，一直低到尘埃里去，但我的心是欢喜的。并且在那里开出一朵花来。"

爱情大师们都在教女人为爱去奉献，去疯狂，去卑微，去忘却自我。仿佛，这才是好女人。做好女人，但是却无论如何不能做百分百顺女。女人要忠于男人，要爱自己的男人，但是在爱情中必须有自己的主见，保持自己的人格和独立性。有主见的女人是可爱的人，男人喜欢女人的温柔和贤惠，但更喜欢女人的有主见。

能够独立其实才是一种快乐，那种依附于别人，把快乐与痛苦都身牵在别人身上的女人其实备受压抑。因为她们的自我会被别人的期望与需要所埋没。

歌德说："人只有在其感到欢喜或痛苦的时候，人才认识到自己。"大明星韦唯，曾有着一种少女式的纯真情感，有着东方人对情爱的专一，有着对婚恋的执著追求。后来，终于热恋了。终于结婚了。结婚后，她一直按照东方人伴侍夫君的方式去对待她的西方男人。但是，她最后失望了，离婚了。正如她在《和从前不一样》中说："我猛然意识到，我从未曾在乎过自己……我生活中的大部分时间，都用来关注他人，为他人做了很多我可能根本不想做的事情。在过去九年的婚姻中，那个自由独立的女人却渐渐地消失了……"

很多女人从一开始就把自己摆到一个乞求感情乞求幸福的位置上,男人怎样,你就怎样。悲剧的根源往往就在这里:你失掉了自己,别人怎么看重你?男人往往就是这样:你过于看重他,为了他牺牲自己的一切,当时他是被你的行为感动,但是时间久了,你没有了思想、没有了追求、没有了与他共鸣的内容,当你成了依附于他的一个躯壳,他就可以轻而易举地主宰你的感情和幸福。从这一点上说,女人首先是输给了自己。

罗曼·罗兰说过:"如果你希望一个人爱你,最好的心理准备就是不要让自己变成非爱他不可。你要坚强独立,自求多福。让自己有自己的生活重心,有寄托,有目标,有光辉,有前途。总之,让自己有足够多的可以使自己快乐的源泉,然后再准备接受或不接受对方的爱。"

女人的生活中男人常常是主角,而男人生活的主角却总是自己。男人的世界是宽广的,所以爱情只能占据一席之地;而女人的世界却很小,只容得下爱情。男女关系中,女人对男人而言是母亲、妻子、情人、朋友和女儿的混合体。这说法多少有些自作聪明。现实一点,先认清自己的角色。是女友就女友,别老想着去当他的妻子或者母亲。最重要的是,你不要忘记,你就是你自己,你永远是自己,爱情也不能把你变成两个人多个人或者另外一个人。

女人,在爱男人的时候,也应该爱自己。属于别人和属于自己的,你都应该同时拥有。年轻时,你应该爱自己充满朝气;中年时,你应该爱自己拥有能力;老年时,你应该爱自己丰富阅历。不管你辉煌或者是平凡,你富有或者是贫困,在爱别人的时候,不要失去自我。你是一个堂堂正正的人,你有平等地活在这个世界上的权利。珍惜自己的生命,就是珍惜自己。珍惜你给别人的爱,珍惜你对自己的爱。

>>> chapter

05

第五章

正确对待财富,别让金钱妨碍幸福

有些女人擅长花钱,有些女人擅长管钱,她们享受着消费的乐趣,品味着钱生钱的快感,如何消费,如何理财呢?这是每个女人的必修课。

聪明的女人，不仅要会赚钱，还要会管钱、让钱生钱

理财和美貌是女人一生最重要的事。

——台湾名女人何丽玲

聪明的女人，不仅要会赚钱，还要会管钱、让钱生钱。"男主外、女主内"是古训，可见在古代女性理财已经活泛在小家庭中。时至今日，女性如果只把理财的目光局限在小家庭的开源节流，那就太落伍了，与时俱进的女人早已开始关注保险、基金、股票、投资等领域。精明的女人们看得懂财务表格，连艰涩难懂的财务软件都运用自如。

可以说，现代社会，理财已成为女人必须学会的生存技能之一。一个女人的理财能力，将决定着家庭的兴衰，维系一家老小的幸福。

有句话说得好：理财说难亦难，说易亦易。对于财富如果没有驾驭它的本领，那么它很可能会驾驭你，或者成为"露水财富"来得快去得也快。无论是什么样的女人，只有掌握科学、合理的投资理念，保持理性的追求观念，财富才能为你所用，成为赚取

幸福的钥匙。

在这个离婚率居高不下的多变社会，女人就是要做家里的掌柜，这样才相对有点安全感。

有些女人自从手握经济大权开始，就买好账本，一笔一笔的计算家庭收支情况。除了每个月家庭收入的十分之一存入银行，作为紧急备用资金，她们对于如何运用剩下的钱，也是一分一分的算出来的。如，家庭成员出门兜里要揣着多少钱，亲戚朋友之间往来的礼钱，平时的生活费用，一笔一笔的账她们都算得非常清楚。如果到了月末还有余钱，那么就用来投资之类，作为生钱之路。

她们要求自己注意分析家庭开支中的成分，哪些是必要消费，哪些是盲目消费，继而了解自己家庭资金的流向，以便在日常生活中保证必要消费，降低不必要的消费支出。只有这样，她们才能放心的握紧手中的经济大权。

还有一些女人掌握了家庭的经济大权后，就开始考虑家庭成员对投资风险的承受能力，如何把家庭财产升值，是她们首先考虑的问题。因为，子女的教育规划、自身的养老、以及各种突发事故都需要大笔的钱来运转。仅凭着家庭目前的资产状况，还是远远不够的，因此必须要有生钱之道。

为了确保家庭投资的稳赚不赔，她们要求自己一定要掌握各种信息，以免出现"数字化鸿沟"。对于一心扑在家庭理财上的女人，她的手里也有一本账，但绝对不是精打细算的柴米油盐酱醋茶，而是大部分资产的流动情况或最近股票走势等。她们认为，只有掌握了家庭资产的概况，才能有针对性地提高家庭生活质量。因此，在家庭理财中，她们有着明确的理财目标，而这个目标将带领家庭的梦想的实现。

两种不同的类型，形成了鲜明的对比，第一类型的女人认为第二类型的女人不懂细水长流的生活，生活就是应该在各种收支上，有着"一分钱掰成两分用"的精神。要在保证生活质量和安全的前提下，才能进行金融交易。而第二类型的女人认为第一类型的女人目光短浅，在这个发展迅速的时代，守着钱只会让钱贬值下去。只要把投资风险降低到，家庭成员能够接受的范围，那么进行金融交易就是正确的选择。

对于第一类型的女人来说，以家庭成员的生活情况，为首要考虑问题是正确的，但是不能为此就固步自封。其实，把一部分钱用来投资，又何尝不是提高家庭生活质量的一种手段。

对于第二类型的女人来说，她们一味想要提高家庭生活质量，有着明确的理财规划目标是好事，但在生活细节处不注重节俭也是不行的，毕竟在很多时候是细节决定成败。

李菲是个特别精明的女人，她在理财方面尤其擅长，嫁给老公没几年就靠自己的理财能力，买下了一套120平方米的房子。住了几天新房过了新鲜劲，李菲的经济脑瓜又开始转悠了。如今暖气费的价格不断往上涨，房子大了，负担自然就会加重。于是李菲想出了一个"减负"的点子：把这套大房子租了出去，然后在老公单位附近又租了一套50平方的小房子。这样一算，大房子的月租金收入是3000元，而小房子的月租金支出才1000元，这等于每月增加家庭收入2000元，并且小房子的暖气、物业管理等费用也便宜，这一年下来又能节省三千多元。

然而夫妻两人没高兴多久，问题就来了。首先是，父母有时来住不太方便，因为家里地方有限总腾不出地方，后来父母也不怎么喜欢来了，这让两人心里非常失落。另外，老公的一些朋友来串门时，发现房子这么小并且是租来的，难免多些议论，让老公有些丢面子。虽然租房、换房很有经济头脑，但却直接影响了家庭生活和正常交往，这让李菲终日郁闷不已。

李菲一直都以精打细算、勤俭持家为目标，但是却忽略了生活中最本质的问题，理财是为自己生活服务的，是为了让自己生活的更加幸福。如果不能提高生活质量，那么财富数额的上升对于李菲这一类型的女人来说还有什么意义呢？这实在是值得她们好好反省一番。

而对于第二类的女人来说，似乎从来不会有这方面的烦恼，她们目标非常清楚。第几年要赚到多少钱，买下哪辆时尚跑车，或者换一套更加精致的房子。钱，到了她们手里，绝对不会被当成宝贝，反而是被她们随手花出去享受。她们明白，自己追求的是高质量生活，钱不过是一种必需手段而已，本末倒置的事情她们从来不会干。这就是这一类型的女人的理智，虽然有时明显是在浪费金钱。

第一类型的女人看第二类型的女人花钱总是觉得心疼，但是看她们高质量生活又很羡慕，自己什么时候能赚够那些钱，享受那种生活呢？第二类型的女人不懂第一类型的女人，节俭了那么多年，应该有了不少积蓄，为什么还总是过的那么紧巴巴的呢？

女人精打细算固然好，但过于注重金钱的积累，就难免有些守财奴的架势了。所以，要懂得让钱为我所用，保证自己幸福的生活。但要时刻保持理智，不被金钱迷惑当然值得敬佩，但是奢侈浪费金钱的习惯实在应该改掉。

女人要自立，不把自身押在男人身上

> 女人要自立，不能有"靠"的念头，只有靠自己最好。
>
> ——理财专家刘彦斌

有些女人一旦认定了一个男人，就会理所当然地把对方当做自己的"长期饭票"，有时候还会放弃自己的工作，或者把自己的工资打入对方卡中，完全的依赖于男人。还有一些女人则以花男人的钱为耻辱，她们要求完全的经济独立，宁可再苦再累，也不愿意向男人摇尾乞怜。

女明星孟广美被男友骗走5个亿的新闻曾经轰动一时。在娱乐圈闯荡多年的孟广美在事业上一帆风顺的时候，认识了意大利人Corrado，彼此互有好感。被感情冲昏头脑的孟广美将自己95%的资产交给Corrado全权打理。结果，这个温柔、有品位、自称有雄厚家世的男人原来却是真实版的"天才里普利"（经典的骗子形象），不仅仅骗走孟的巨款，"让存折少了好多个零"，而且最要命的是，这个男人是以情封缄，分手前孟也没有得到一个答案：你到底爱过我没有？

其实，女人不能陷入男人的"温情陷阱"，要时刻有着危机意识，做好男人离开也能活的很好的经济准备，这样才能获得真正的幸福。另外，女人在经济上独立是好事，但是也不能一竿子打翻一船人，认为男人没有好东西，有这样观念的女人是不会幸福的。

俗话说，靠山山倒，靠人人跑。在"白头偕老"已经快要成为神话的现代社会，女人从来不替自己的未来生活做打算是很危险的事。依靠男人的女人有时候该思考，如果有一天发生意外状况，你有没有能力自给自足？就像下面的舒霄一样。

舒霄原本是某个大公司的总裁秘书，后来嫁给了另一家公司的一位副总监。婚后，就辞职当起了全职太太，也把全部精力投在家庭。由于长期靠丈夫养家，自己在家中逐渐失去了平等地位。后来两人因为种种原因离婚了，由于经济一直没有独立，这让舒霄一下子无法面对。不过，凭着天生一股韧劲，舒霄硬是挺了过来，苦拼几年终于有了自己的小公司。她无比感慨地说，女人千万不能把自身押在男人身上，因为输不起。

有些女人时刻要求自己的经济独立，刘忆如曾说过："女人的战场不只在厨房，也不是在卧室，而是在你的私人银行"。在这个美丽又虚无的欲望城市里，在这么多让梦想幻灭的残酷现实之间，她们相信只有获得经济上的自由，才能找到自我存在的价值。她们理财更多的时候是为自己在找后路，绝对不会成为男人的附属品。

有些女人总是说女人活得很累，难得有了一张"长期饭票"，为什么还要逞强把自己弄得这么累？好好享受男人带来的舒适生活，不就很好吗？只能说这样的女人太傻，当青春不再、美丽飘散之时，男人还会心甘情愿地养着你吗？女人还是要靠自己，与其日后后悔不如现在为自己努力理财。

确实，女人在享受男人提供的所谓长期饭票的时候，除了要考虑饭票的"有效期限"之外，还必须承受靠外表吸引男人的"折旧"风险，毕竟花无百日红，岁月的因素还是得考虑的，谁都无法预设婚姻是未来绝对的保障。

女人就是要有属于自己的钱

> 现代女人一定不要再存在"靠"的思想了,这年头靠谁都靠不住,女人就是要有钱,有属于自己的钱。
>
> ——题记

财富是女人冲浪的滑板。女人要永远记住:金钱虽然冰凉冷漠,但永远比一个不可靠的男人更能挡风遮雨。

在一个以《成长生涯》为题的研习课程上,讲师曾要求在座的每一位女性学员写下自己一生究竟在扮演哪些角色。

大多数的女性就以上命题毫不犹豫地写下——妻子、朋友、妈妈、媳妇、婆婆、老板、职员林林总总起码有七八种角色。讲师看过之后,抬起头淡淡地只问了一句:"写了那么多,你自己在哪里?"

在场的女性当场都愣住了,一时间无言以对!没错,女人们常常都忘了"自己"的存在,为了先生、男友、孩子、家人却常常忘了还有自己。

大部分女人没有钱,就是因为她们一直在为家人、他人操劳,把钱用在别人身上了，而没有属于自己的金钱观。女人一定要一点完全可供自己支配的钱。

○工作收入

只有工作才能让一个女人成为真正财务独立的女人，进而成为人格独立的女人。女人，不要再把工资全部用作为家庭的支出了，也不要全花光光了。无论这份多与少，一定要存一点给自己，毕竟这是自己的血汗钱，留一点给自己也是天经地义。

○存点私房钱

古时候，有位母亲嘱咐待嫁的女儿说："嫁到夫家，要拼命存私房钱，免得有什么意外，将来被休了，生活也有点着落。"女儿嫁到夫家后，谨遵母亲大人的教诲，努力存私房钱。有一天，婆婆发现儿媳妇存了很多私房钱，大怒，让儿子休了媳妇。这个媳妇却没有任何难过悲伤，回到娘家后就告诉母亲："母亲说得真对！还好我存了许多私房钱。"

女人可以存一点儿私房钱，保证自己在婚姻中的安全，但是不要过多，以免东窗事发影响家庭和睦。一般来说，攒私房钱应根据家庭收入情况而定，数额不宜超过家庭总收入的10%。

○兼职赚钱

有这么一个财富故事：美国斯坦福大学有一个名叫默巴克的穷学生，为了减轻父母的经济压力，进了大学以后就打工赚学费，帮学校做一些剪草坪、收报纸、打扫卫生的工作。在打扫学生公寓的时候，他发现了一个问题，墙角、沙发下、床下、桌子下有很多硬币，1美分、5美分、10美分、25美分的都有，默巴克把它们都捡了起来，然后如数还给宿舍的学生。但有很多学生嫌麻烦，都不肯收回这些硬币。后来，默巴克在报纸上看到：美国每年被人扔掉的硬币就有105亿美元。如何把这些被扔掉的硬币变成财富？默巴克后来开公司制造出了自动换币机，然后把这些机器放到了各个超市、商场里。顾客只要把手里的硬币放进这个机器，机器就会自动点数，然后打出一张收条，顾客凭收条就可以到服务台领现金了。默巴克凭借自动换币机从一无所有的穷学生变成了超级富翁。

　　赚钱不能放过任何一个细小的地方，一分钱都要赚。不积跬步，无以致千里；不赚小钱，无以成富豪。在细节处挣钱，这一点，女人最有天赋了。兼职或许没有正常上班所得的工资多，但是这部分钱也会积少成多，久而久之，很是可观。

○女人就是要当"省长"

　　美国歌坛女星芭芭拉·史翠姗在星巴克喝咖啡付钱时，会拿出从报纸上剪下的折价券，只为了节省0.5美元！她的老公很欣赏这种消费习惯，两人结婚时就约法三章，婚后互赠的礼物不可超过25美元。她老公在过六十大寿时，芭芭拉·史翠姗买了个心形礼盒，再自己动手用胶水贴上亮片，送给老公专门用来放置平日传达爱意的小纸条。

大明星都这么省了，何况是我们这等小民了。省钱是中华民族的优秀传统，现代女人再解放，也不要丢弃这一好传统。

　　平时购物前都列好购物清单，然后使用会员卡，这样就能省下很多钱。一些比较贵重的东西，要留到节庆日购买，不仅会打折还会有丰厚的赠品。平时遇到能够砍价的地方，绝对要砍到对方体无完肤，一块一毛也是钱啊，把钱存入银行还能吃利息呢。

○自己投资

　　光会攒钱、会花钱是不够的，还要学会投资，要让钱生钱。女性要把手中的钱至少分成三个部分：一，生活费，应该留半年到一年的生活费，这些钱以活期储蓄的形式存放；二，应急费，应该留三到五年的保命的钱，这些钱可以以定期储蓄的形式存放，或者部分购买国债；三，投资的钱，五到十年不用的钱，女人可用这部分钱买股票、基金、黄金、房地产、收藏品、权证、债券等，以期获得高收益。

不做"月光族"要做"守财奴"

> 花钱是门女人必须学会的"艺术"。
>
> ——涩女郎万人迷

作为一个独立的现代女性，消费观念与经济实力必须保持一种平衡。男人是搂钱的筢子，女人是盛钱的匣子，如何把每一分钱存好、用好是衡量一个女人是否成功的标准。

有些女人买东西的时候，眼睛会不由自主地看向标价，看到理想中的价码再看看货物如何。她们知道挣钱不容易，所以在买东西的时候一定要先看价格，价格太贵的话，那么货物也就不值得看了，直接进行下一家。她们讲究节流开支，就是为了能够在这充满诱惑的都市，攒下一大笔钱。要知道省一块钱比挣一块钱容易多了，只要每件东西便宜一点，就可以省下一大笔钱。这笔钱就可以成为生活中的备用资金，也可以攒起自己的小金库。懂得精心打点自己生活的女人，才是最幸福的女人。

还有一些女人买东西和她们完全相反，她们只看货物，只要东西看上去不错，就直接买下，谁管它多少钱。钱就是用来买需要的东西的，再说了一分钱一分货，假如贪便宜买到次品，那不就亏大了。因此，只要相中东西就会买下，如果质量实在太差，就当买个好心情了。

守财奴女人痛心花钱如流水的月光族女人花钱不知节俭，难道看不出人家是有心坑你吗？月光族女人可怜省钱成性的守财奴女人总是自己跟自己过不去，为了几块钱就可以怄气一天，活着有什么意思？！

对于守财奴女人来说，懂得节俭是一件值得庆贺的事情，但是正如月光族女人所言，不要太过苛刻自己，偶尔给自己享受一下也不错。而对于月光族女人来说，必须改掉消费无度的习惯，不能总是沉浸在为钱发愁的状态里，只有保持随时都有余钱，才能活出幸福滋味。

李媛专门有一个放卡的大钱包，里面的卡琳琅满目，什么招商银行信用卡、交通银行信用卡、工资卡、福利卡、打折卡、贵宾卡、美容卡、美发卡……每个月的月初、月末，李媛就忙着给各种卡充值，还要给各种刷爆的信用卡还账。这些让人看起来就头疼的事情处理完之后，李媛就会开始新一轮的消费、购物运动。有卡就有打折，所以她总感觉自己占了很多便宜。

俗话说"便宜买穷人"，再便宜架不住买的多，因为用的都是卡，没有现金流出的肉痛，所以就暂时忽略了自己的消费能力，刷起卡来好不潇洒大方。贪便宜、追求折扣，短期来说，女人或许省了20％，但是长远来说，梦想就打了100％的折扣，因为你已经负担不起这些东西了。你花在这些不必要的东西上的金钱，绝对要超过你原来以为购买后会省下的金钱数额的几十倍，甚至上百倍、上千倍。

要是不想做卡奴的话，请尽快抛掉那些花花绿绿的卡，如果你觉得必须要有信用卡的话，那就只留下一张，但一定要有一张储蓄卡；每一笔钱进账，10％用来储蓄、投资，20％用来偿还债务（如果你没有债务，请将这20％也存进储蓄卡，或者进行投资），70％用来支付各项生活费用。

○执行严格的储蓄计划

爱花钱的女性，即使不懂投资，最起码要养成及时把工资存起来的好习惯。

有位年轻的女士一直在印刷厂工作，有一天她想创业，自己开家小印刷厂。这位年轻女士去见一家印刷材料供应店的老板，希望对方能让她以贷款的方式买一部印刷机及一些小型的印刷设备。这位老板第一个问题就问："你自己是否有存款呢？"这位年轻的女士确实存了一点钱。她每个月固定从他那1400美金的月薪里提出100美金存入银行，已经存了将近4年。她获得了供应店老板提供的贷款。后来，供应店老板又允许她以这种方式购买更多的机器设备。后来，这位年轻的女士已经拥有了芝加哥市规模最大、最为成功的一家印刷厂。

千万不要小看每月零存储蓄的威力！每月将部分薪资自动转存到固定的投资账户，眼不见为净，多年后财富累积的成效绝对会让你大吃一惊！想想看，如果你从 20 多岁就开始每月存钱，就算只存下来几百元，你可以存下多少钱？通常情况下，储蓄率应该在 20% 以上为宜。

除了到银行存钱之外，使用储蓄罐操作简单效果也好。你可以到市场买一只可爱"小金猪"，然后每天都用硬币来喂养它。一个月下来能存很多个。

○养成记账的好习惯

人有两只脚，钱有四只脚。花钱的速度超乎人的想象。月光族女性共同的特点就是：钱花光了，但是我都不知道花哪儿了！而记账的好处，就在于你可以知道每日所花费的钱都用在什么地方。

很多女性都觉得记账实在是太麻烦了，开始记账的一段时间总是雄心勃勃，兴致盎然，可是工作忙起来，每天还要记下琐碎的开支，坚持不了多久就放弃了。

其实，一旦养成记账习惯之后，它就像呼吸、吃饭一样自然。如果你把记账提到理财的高度，你就不会觉得它在浪费你的时间了。

每天，你只需要花几分钟的时间，录入一些发生的费用，而计算、统计这样的事情都可以留给电脑自己完成，一些软件还会为你分析出每个月各项支出的比例，生成饼状图或者条形图，并和上一期的财务情况进行比较，让你也品尝到做 CFO 的滋味，让记账这种无趣的事情变得有趣起来。

聪明的女性会时时刻刻盯紧自己的收支状况，身边会有一个小账本，把每天的消费支出都记下来，然后每个月进行比较总结，看看哪些钱该花，哪些钱不该花。然后在下个月消费时就会注意，从而节省开支。

○不要随便借钱给人

当今社会，最怕的不是投资的风险，而是亲戚朋友借钱。被借钱之后，就失去控制了，催的早，生怕别人说，才借一点儿钱，就记挂得紧。拖得久，可能就要不回来了。

所以，作为家庭主妇，要严把借钱关，掌握以下原则：

救急不救穷。借钱给别人首先一定要坚持一个原则：别人确有急事可以适当借钱解围，但若是借了去做生意、买股票之类的，最好不借。如果有求学或重病确需借钱的，毫不犹豫一定要借，即使这笔钱三年五载都不能还回来，还是得借。这笔钱对你来说只是一个数字，而对借钱的人来说，就是改变命运的机会，就是挽救生命的希望。

以不影响自家生计为前提。钱数额必须在自己承受范围之内，这个范围是指即便对方不能及时偿还，也不会给你造成太大的经济压力，把借出的钱控制在这个数额之下，超出了这个数额不借。

坚决不借败家子。不少"月光族"出手阔绰从不存钱，总是上半月还旧债，下半月又借新债，如果你长期为这种人提供借款，等于是他长期占用你的财产。如果身边有这种人，宁愿绝交，也不能为了所谓的"朋友"，把自己的血汗钱白白扔掉。

按需埋单,不要把购物变为负担

当人类的远祖还处于穴居时代,男人是狩猎者,负责外出猎杀动物;女人是收集者,从事摘取果实、收集柴枝用来生火取暖或作照明之用、到河边取水等工作,故女人的采集天性早已形成,演化成今天的购物兴趣。

——黎松龄

有些女人愿意花20元购买只值10元的东西,原因仅仅是为了需要;而有些女人却会花10元去购买价值20元的自己根本不需要的东西。一些女人在购物时盘算成本、选择类别、货比三家,诸如此类,脑筋转速之快,简直令人瞠目结舌。这些女人是边逛街边作判断,比起很多女人直奔主题,抓起就走,她们在这方面的处理速度可以媲美新一代双核处理器。

一些女人尤其是那种爱兜小店的,没有明确的目的,又不缺少些什么,只是在店里东瞧西看、摸这试那的,实在没有那一眼看得中又经得起进一步推敲的,便换上一家,继续淘换着,直到在众多不起眼的货架中发现了那个非常中意的,脑海中立刻调出所有家当的档案,以过电般的速度进行着配比,一旦有速配成功的，还得保持镇静，装模做样的表现出不咋的的神情来跟老板进行着几轮讨价还价，若能买到那物超所值且价格低廉，又恰好能搭配上以往买下却未配成套的，那种感觉更是欣喜若狂，暗自窃喜，远比买了多少高级名牌要称心如意得多。

还有一些女人买东西喜欢直奔目标，她们最讨厌讨价还价的事情，尤其讨厌那种不明码标价的商品。一旦觉得那件东西必须，那件东西值得，这些女人会二话不说，买了就走。她们觉得逛来逛去浪费的时间成本，比买个廉价商品还奢侈。所以这些女人往往喜欢到大商场买东西，因为她们相信那里的东西至少质量有保证。

有些女人买了一件称心如意的衣服或者首饰，她们又会想：要是有一个其他颜色的或者相似款式的可以更换就好了，这样就可以足够臭美一段时间了。这些女人不怕重复，她们会沉溺在一种喜好的东西里面很长一段时间，可以拥有一堆这样的东西，直到自己的新鲜劲儿过去为止。

有些女人则以质取胜。这些女人喜欢"世上仅此一件，今生与你结缘"的only性质的东西，她们没有数量癖，而是瞄准稀缺性物什。总是更倾向于珍珠钻石、名牌化妆品和美容店、高档服饰店。

喜欢讨价还价的女人不理解她们为什么花那么高的价钱买一件自己可以买上十件甚至更多件的东西，暗自谴责她们的奢侈。而她们也不理解那些为什么要花钱买那么多相似的廉价东西的女人，有那时间和精力，买上一件上档次的要死啊？

有些女人面料上是选择一些柔软、飘逸的纱、针织、棉等材质，可以突出曲线、贴身剪裁的衣服款式。柔和的暖色系，以大热的裸色为主，色彩上可以表达出甜美的气质。这些女人所买的东西一切为了美，为了解放自己的和别人的感官，追求的是一种冲击力效果。

有些女人买衣服总是倾向于黑白灰的正式装，衣服的面料总是要弹性的、具有硬挺风格的属于这种干练派。这些女人买东西是要向别人传达的是自己的为人，自己的深度审美志趣。

她们走在大街上，人们一眼就可以分出。小女人受不了有时候也嫉妒大女人的冷艳，大女人受不了有时候也嫉妒小女人的花枝招展。

对于女人来说，冲动是魔鬼，好东西确实一件就够了，为什么要"执迷不悟"呢，明明知道自己迟早会喜新厌旧，况且现在的时尚流变太快。但也要记住，不要掉入唯"档次"论的漩涡，什么都追求 level 就会给自己带来不必要的沉重负担。该生活化就生活化一点。

从购物可以区别女人，从购物也可以判定你的人缘。于丹说："用大女人的胸怀去酝酿小女人的情趣，这是女人的指明灯。"作为一个女人，在购物时候，要兼顾理性和感觉，太理性就会失去购物的情趣，太感性又会给自己和别人造成经济负担。因此，女性在享受购物乐趣的同时，要把自己的耳朵叫醒，多提醒一下自己，冲动会让自己的钱包变瘪。

是 AA 制还是轮流请客

中国不过是一个巨大的厨房。

——鲁迅

有些女人喜欢叫上两三个关系好的女朋友,一起去吃饭聚会。无论谁的收入高谁的收入低,这些女人就认准一个道理:这次你来,下次我来,咱们轮流付款。她们受不了在结账时实行 AA 制,这种制度不仅会给她带来片刻的尴尬,也会影响到她一天的好心情。对此,这些女人宁愿轮流付款,哪怕你这次吃的是蔬菜沙拉,下次吃的是海鲜套餐。

慧慧就是这样一个女人,隔三差五的和朋友聚在一起,在饭毕的时候慧慧忙着掏钱结账,另外几个朋友则说:"慧慧,老让你破费,下次想吃什么,我请。"慧慧豪气地摆摆手:"这有什么,姐们吃好就行。"就是在这种轮流请客中,几个朋友间的关系更加的亲密起来。

当然还有一些女人跟人吃饭时,一般都是 AA 制,大家算得明明白白,没有糊涂账,更不存在谁欠了谁。现在的朋友很有可能是以后的敌人，大家都算清楚了，也省得以后有了事情彼此会抹不开脸。这些女人知道拿人手软、吃人嘴短的至理名言，为了将友谊纯洁的保持下去，在经济上采用 AA 制是最好的办法。

轮流付账的女人不明白 AA 制的女人为什么分得那么清楚，朋友之间互相帮助扶持是应该的，划分得越是清楚，越是难以获得别人的真心对待。AA 制的女人羡慕轮流付账的女人的金兰情意，几桌饭就和朋友关系更上一层楼了，困难的时候还总是有人帮衬，真的不简单。

对于女人来说，用轮流请客来增加友谊没有错，但是饭桌上的朋友很有可能并不值得信任，所以女人一定要有识人之明。但是凡事讲究 AA 制，虽然避免了交到狐朋狗友的可能，却也失去了很多可以和朋友把酒言欢的机会。

再说女人与男人相处时，不同的女人也有不同的处理方式。

比如，有些女人让男人买单那是家常便饭，然而，这些女人有时也会抢着埋单，这是为什么呢？有时一个男人追求女人，而女人想拒绝的时候，她就会通过抢着埋单的方式，很婉转地但又很明确地表明：我们之间只能是朋友，仅此而已过。这些女人除了以上情况，很少拒绝男人埋单，除非她们掌控着家政，和老公出门才会主动买单。这些女人有自己的处事原则，绝对不是那种爱贪小便宜的女孩。除了以上情况外，这些女人还是很享受男人埋单时的幸福的。

还有一些女人无论何时都坚持着自己的 AA 制，从来从不管男人有多少工资，或者多少奖金，除非对面的男人是她父亲。当然，有时候男人花样百出，总是能找到请客的理由。对于这种情况，这些女人通常都保持着回请的原则。一般都是在去一趟洗手间的时候，就把单买了，回来之后还若无其事的样子，等到男人想埋单的时候就漫不经心地说一句："哦，我已经埋单了。"这样就回请成功，这位先生，你该干嘛干嘛，大家还是两不相欠。

不同的处理方式显示着不同的性格，有些女人认为，人家只是想和你做个普通朋友，你又何必拒人于千里之外。有些女人认为她们不懂人生险恶，无事献殷勤，非奸即恶，这种人还是远离为妙。

对于女人来说，懂得维护自己的原则，这是很好的一种自我保护的情况。为了避免那些醉翁之意不在酒的无聊人士，也要埋几次单才行，这样的饭，吃起来才香嘛。而且，偶尔也可以享受一下男人付账的乐趣，品尝一下弱女子的感觉，这样才能让自己更加幸福。

所以，女人要记得，同性之间一起消费最好算清楚，毕竟女人都比较心细；与男人一起消费，偶尔照顾他的面子，让其请客，但不可总是占便宜。

不要独揽财政大权

> 女人独揽财政大权不利于家庭安定团结,应给丈夫一定的财权。
>
> ——题记

有这样一些女人,她们紧紧握住家里的财政大权,特别在意自己是否将老公的财政大权掌握在手。只要老公每月的收入没有如实按期上交,就会"严刑逼供"、"胡猜乱想"。有这种行为的女人认为只要掌握了财权,就处于"上风"。

其实,这是一种比较不智慧的行为,聪明的女人不会这样做。因为独揽财政大权并不是一个好差事。

首先,管钱是一件费力不讨好的活。管钱会浪费好多脑细胞。既要钱的不断增长,又要钱的保值,还要照顾全家的衣食住行,假如女人稍不留意就会劳心劳力不讨好。对于爱美的女人来说,花去自己用来美容的时间和精力去管柴、米、油、盐、酱、醋、茶,还要为家事、钱事、事事操心。这笔账怎么算都是划不来的。

除去劳心劳力外,女人如果掌握家庭的财权,你就要面临着多方面的压力。既然是家庭的财政部长,就要为这个家庭的财产增收决策负责。女人会绞尽脑计选择存款、基金、股票、投资买保险等多种形式增收。如果家庭财产增收倒也罢了，一旦决策失误，造成家庭内部财产损失，女人就会哭哭啼啼、患得患失。可想而知，女人身上的压力会有多大。

其次，当女人倾向于掌握家庭财权的时候，她已经把自己作为男人的附属品了。男人一般掌握家庭综合事务管理权，女人掌握比较实际的财权，目的是对男人构成实质性威慑。这样做，无非是想证明自己的家庭地位，但是，恰恰相反，这实际上造就了女人在家中的弱者地位。当女人以貌似强大的经济实力凌驾于男人之上的时候，其实她也表现出自己劣性的一面，使女人追求人格独立的光环烟消云散。

另外，独揽财政大权的女人往往更舍不得为自己花钱。这是因为不当家不知柴米贵，管钱的人自然知道生活中很多地方要花钱，当女人掌握家庭财权的时候，本着对这个家庭负责的态度，脑子里考虑其他成员的时候会更多，就舍不得给自己花钱。于是，女人在为自己花钱的事情上总是瞻前顾后、考虑再三，给自己花钱时还要充分考虑其他家庭成员的感受，生怕引起家庭纠纷。

聪明的女人不会用财权去束缚男人。如果财权被女人掌控，男人就会觉得在家里没有地位，感觉被人控制，心里就会不舒服。虽然男人外出应酬，女人总会给他足够的零用钱，他也会感到没有自主权，被人管制。这种情况下，很容易引起男人的逆反心理。

一旦把男人逼急了，索性撕破脸皮，婚姻就会受到影响。事实上，绝大部分由女人掌控财产的家庭，男人只要在条件允许的情况下，都会偷存私房钱。这说明绝大部分男人，对于女人掌控家庭财产并不心甘情愿，万一看得太紧了，丈夫心里不舒服再玩儿个暗渡陈仓之类的，女人会落得人财两空！

相爱的人要保持有足够的空间和距离，这样才会产生美感，才有利于保持爱的新鲜度，使爱不褪色。女人放手财权其实也是一个最好的给予男人空间的方式。让男人能够在宽裕的状态下去施展他的抱负，在明白女人苦心的时候，男人也会更加疼爱女人、理解女人，所以说，聪明的女人不要独揽财政大权。如果放权后还能准确掌握家里的财政状况，那你就是超级聪明的女人了。

婚姻中的女性最绝妙的做法，不是控制财产，而是控制男人本身。控制了男人，就间接地控制了他的财产，还包括他的心。

因此，要学会做一个聪明的女人，千方百计地让男人对你死心塌地，你的温柔似水、热情如火、善解人意，会一辈子拴住男人的心。这才是一个女人最高等级的幸福与安全。

学会投资理财,尽早规划自己的财富人生

> 财富是美丽优雅的基础,追求美丽和财富的保值增值是女人一生的事业。
>
> ——题记

生活中有许多这样的女性,总是过一天算一天,挣多少花多少,是地地道道的"月光族",认为投资理财是男人的事情,从来都不去想,一旦遇到危机就会仓皇失措,那时再后悔就晚了。

古语有云:"人生不满百,常怀千岁忧。"结婚生子以后,作为女性,如果还没有一点经济头脑,没有学会管理自己的财物,那将是一件很可悲的事情,她将要面临的很有可能就是难以预测的危机。一个女人是否能够获得安全感,很大程度上取决于是否能有可靠的经济来源,而这经济来源又绝对不能够依靠男人,当你的经济来源完全依赖男人的时候,你就已经不安全了。要想让自己的生活有保障,除了努力工作以外,女人一定要学会投资理财,尽可能早地规划自己的财富人生。

女人要学会理性消费。俗话说:"吃不穷,用不穷,盘算不清

一世穷。"你要明白生活中哪些开支是必须的,哪些是不必要的,节省下不必要的开支,你将会省下一笔可观的财富。当然,这并不是让你当守财奴,只是一味地省钱,《蜗居》中海萍可谓是省钱的高手,可是结果呢?省来省去,差一点把自己的家庭也"省"丢了。真正聪明的女人,一方面要节流开源,另一方面还得会赚钱,海萍最终不是也找了一份家教的兼职吗?工资并不是赚钱的唯一途径,只要你善于发现,随处都可以有赚钱的契机。"老干妈"系列产品远销欧亚等二十多个国家和地区,在国内更几乎成了家家户户必不可少的佐餐品,可它的创始人陶碧华只是一个没上过一天学的农村妇女,她的起步也只是做凉粉的佐料而已。

合理投资,让钱生钱。当家庭、事业等各方面已经逐步走向稳定,收入、投资也逐渐步入正轨时,投资可以激进一点,股票、基金、黄金都可以尝试一些。房产投资是一项保值增值的绝好投资,如果是供房的话,那还是一种强制储蓄,每月的月供可以在无形中压缩你的开支,并且将来房子还会成为你的经济保护,从而保证你的独立自由。

除此之外,家里的孩子也逐渐长大,为了孩子的长远考虑,可以为他设立一个教育基金。同时,还要适当增加一些银行理财或购买黄金等。在保险方面,由于这时候大部分家庭都是处于夹心阶段,因此,保险需求和考虑因素最多。一般要从健康医疗、家庭经济、子女教育和退休养老四个方面的费用进行考虑。女性有了较高收入后,最好购买专门的女性重大疾病险,保障期限最好长一点。还可以适当购买保障性高的终身寿险或含理财功能的养老保险,特别是一些组合产品或计划,保障全面,收益相对稳定,是不错的选择。只要你用心规划,保险将是一个非常可靠的"朋友",它可以为你的将来保驾护航。

在现代社会,如果你要想做一个独立自主的现代女性,仅仅是美女、才女远远不够,你还必须得是一个财女——拥有高财商的女性,你不一定要身处风口浪尖,也不一定要成为中流砥柱,但是你必须学会投资理财。

为自己存一笔可观的钱

> 我过得"省",是希望有一天退出影坛时,有能力自给自足。我不愿意依赖婚姻。
>
> ——林青霞

许多女人她们从小生活在父母的庇护下,一直被灌输"金钱没有用,金钱是丑恶"的观念,她们对金钱没有概念,根本没有认识到金钱的重要性,一直没有树立正确的金钱观。金钱虽然不是万能的,但是女人也不能用厌恶的眼光去看它。它是每个人应该拥有的东西,也是女人必需的东西。

女人在二十几岁的时候会坚定地相信爱情,但是如果在三十岁的年纪,女人如果仍然只相信男人,那她一定就是白痴了。在这个情感动荡的社会,相信谁也不如相信金钱踏实。这并不是崇尚拜金主义,而是要认识到钱在女人生活中的重要性。

女人最应该相信的是手里有一笔能给自己买想要的东西的钱。阿芳从高校毕业后在一家公司做秘书,之后,又做了总经理的妻子。接着顺理成章地从公司辞职,当了男人笼子里的金丝雀。阿芳对自己的生活很满意，因为她想怎么花钱就怎么花钱。可是幸福的生活太短暂了，半年后，阿芳的丈夫提出了离婚，她才傻眼了。工作丢了，手里一分钱的存款都没有，哭也不能改变任何现实。

女人应该懂得存钱的重要性。为自己存钱，是一种明智之举，也是一种未雨绸缪的先见之明。女人只有在富足时积极储备好必备的物资，才能在困难时期安然无忧。

香港影星林青霞就是一个聪明的女人，因为她依靠自己赚钱养活自己，从没想过要依赖婚姻，虽然林青霞的丈夫是一个非常成功的商人。林青霞说："我过得'省'，是希望有一天退出影坛时，有能力自给自足。我不愿意依赖婚姻，因为碰到可靠的人是自己的造化好，否则，我又能怎样呢？"林青霞的这番话使人们在赞叹她精湛的演技的同时，佩服她的智慧与长远眼光。对女人来说，这番话的理解可能会更深刻，更有感触。

人的一生离不开朋友的帮助，朋友会在我们面临困境的时候伸出援手，朋友会为我们排忧解难。对于女人来说，手头有一笔可观的存款就像是身边有一个最好的朋友，因为这笔钱能够在关键的时候应急，能在女人最需要的时候发挥作用。

女人手里存点钱，是有很多好处的，省得女人把婚后所有的希望都寄托在男人的身上。如果自己的男人是一个扶不起来的阿斗，那女人岂不是只剩下了哭泣和抱怨？或者，女人把自己所有的钱全部用在平时的吃穿用度上,万一和丈夫闹起了别扭,免得落一个人财两空的下场。所以,女人为自己存钱是一件很正常的事情,千万不要认为这是一件可耻的事情。

女人不要再进了商场就迈不动腿,也不要轻易相信男人的任何承诺。只要女人把没有必要花的钱积攒起来,不知不觉,就会为自己积累一笔可观的钱。

创造属于自己的房子

> 我要一所大房子,有很大的落地窗户,阳光洒在地板上,也温暖了我的被子。
>
> ——《完美的一天》

女人都是虚荣的动物,区别仅仅是程度上的不同。女人向往奢华浪漫的生活,也向往有一个可以放松身心的地方。为了达到自己的目的,有时候女人会身不由己,面对物质,只好委屈自己的尊严。比如,为了房子,可能被迫跟一个自己不喜欢的人结婚。女人有自己的房子后,结果就大不一样了,她可以跟自己喜欢的人一起快乐地生活,再不会为了房子而出卖自己的尊严。所以,女人应该努力创造属于自己的房子。

夫妻之间难免发生矛盾,没有自己房子的时候,娘家是女人首先选择要去的地方。一番哭,一番闹,一番数落,搞得自己的爹娘也很不痛快,让家人跟着自己一块窝火。女人如果有自己的房子,大可以甩手出家门,只要回到自己单独的小家,可以什么都不管,也不用再让家人跟着自己着急上火。所以,女人应该努力创造属于自己的房子。

随着新的婚姻法的出台，婚前财产在结婚八年之后就转变为共同财产的说法，成为女人心中的虚幻肥皂泡。因为新的婚姻法规定，任何一方的婚前财产不会因为结婚而转变为共同财产。这是一条让女人感到失去安全感的规定，女人突然觉得，假如自己的婚姻出现了变故，可能什么都没有了，包括自己住的地方。而有了自己的房子，女人也算有了自己的不动产，才不会成为男人的附庸，不用看男人的脸色行事，才可能实现真正的独立。只有这样，女人才会更有底气，更加自信。所以，女人应该努力创造属于自己的房子。

如果女人结婚很久都没有一套属于自己的房子，那她的心会一直漂着，不安的感觉会伴随着女人一生。《蜗居》中海萍一直想有属于自己的房子，当她发现不能依靠自己买到房子的时候，她近乎绝望，发疯地说："如果我发达了，我一定会毫不犹豫地离开他。"女人没有自己的房子，会担心自己没有居住的地方，还会担心自己的生活来源，这将成为一个心结。所以，女人有自己的房子是非常必要的。

无论是未婚女人还是已婚女人，都有一定的经济基础，她们有一定的实力，这就更需要女人来置业。女人决不能再流连于商场的货架，因为总有一天，你会发现自己的住处堆满了无用的东西。房子却不同，它是实实在在的东西，任何时候都不会贬值。

女人不但要追求精致的生活，更要打造出安定的生活环境，每当工作上有压力或者在外拼搏累了的时候，都可以回到自己的小家，释放压力，养精蓄锐。

>>> chapter

06

第六章

腹有诗书气自华,永不过时的"气质提升剂"

知性女人于丹说:"一个人的容貌,前二十年是爹妈给的;至于二十岁以后到终生,美丽的东西一定跟自己的修炼相关。"女人要懂得追求自己的人生,知道自己想要什么,有自己的乐趣和爱好,不断地为自己充充电。魅力是由内向外的,经营自己,才能经营未来。

读书让女人气若春兰

从来没有人为了读书而读书，只有在读书中读自己，在读书中发现自己，或者检查自己。

——罗曼·罗兰

书籍是女人永恒的情人，一个女人的气质、智慧，还有修养，都是和大量读书分不开的。读书让女人在平常的生活当中发现生存之乐、生活之重与人生之美。读书让女人气若春兰，让女人能在这个世间展示自己内在的美与善良。毕淑敏曾说过："轻风朗月，水滴石穿，一年几年一辈子几辈子读下去，书就是微波，从内向外震荡着我们的心，精神的分子结构就改变了，成熟了，书的效力就凸显了出来了。"然而，不同的书会构筑不同的气质，同样是偏爱文学作品，有些女人热衷于读一些口水化、浅显易懂的情节类小说；而有些女人喜欢读一些发人深思、有一定思想深度的小说。

喜欢看三类小说的女人：

穿越小说：一个在现代不怎么样的女子"忽"的穿到了古代，

而且变成了一个绝世美女,从此帅哥、金币、地位就一直在身边打转。前路的坎坷是爱情的试金石,能够在关键时刻英雄救美的就是真命天子。她们憧憬于这样的世界,更不惜为他们留下大把的眼泪和祝福。

情场小说:一个聪明绝顶的总裁搭上一个笨得可以的女人,两人偶然间的接触迸出爱的火花。看总裁如何戏弄笨女人,如何在商场玩弄心机,最后人财两得。人家手段之高明,令她们望而兴叹。于是她把《总裁难伺候》《总裁,我错了》等书看了一遍又一遍,看得大呼:"真帅!"

纯古小说:有些女人的恋古情结很重,除了正宗的古代之外,还有虚构的古代。看那些衣衫飘飘,看那些勾勒出的海角天涯,美轮美奂的想象中,女主人公和男主人公生死与共,或者斗智斗勇。《鬼魅邪王俏美人》《妖王的闹心宠妃》之类深得小女人欢心,其中一些精彩情节更有勾魂摄魄的魅力,她们在其中畅游,宛如游过了太虚幻境。而看完之后,她们嘴角带笑,快快乐乐地去上班也。

有些女人专攻经典名著。她们读《红楼梦》《飘》《简·爱》《叶芝抒情诗全集》《苏菲的世界》《第二性》《写给女人》《居里夫人传》《圣经》《李清照诗词评注》……

可能就一部《红楼梦》,她们会反反复复读个没完。有时候她们为林妹妹的才气、相貌、人品感慨万千。可叹停机德,堪怜咏絮才。玉带林中挂,金簪雪里埋。一遍一遍回味林妹妹,感慨她生不逢时,感慨她天真坦率,更感慨曹雪芹塑造的这一富有诗意美和理想色彩的悲剧形象。喝一口浓浓的咖啡,悠悠叹一句:"寒塘渡鹤影,冷月葬花魂。"

有时候,她们转为研究宝姐姐的心机。那个外表温柔贤惠、端庄美丽的女子,究竟有着怎样的城府?她是不是早就听信了"金玉良言"所以早就钟情于宝玉?她是不是故意让林妹妹"每日吃上等燕窝一两以滋阴补气",借以麻痹黛玉?她经常对下人施以小恩,是不是在为将来做奶奶铺垫?如此分析下去,她们开始反省身边是否有着看似忠厚、实则城府极深的人,如果有,千万提防,不能做第二个林妹妹。

对于喜欢看小说的女人来说,"一本书像一艘船,带领我们从狭猛的地方,驶向生活的无限广阔的海洋。"她们喜欢读各种各样的故事,在读的过程中,任由自己的幻想,随着故事里的主角一起去遨游。对她们来说,读书就是休闲,就是猎奇,就是将平淡的生活延伸。读的时候,一定有爽,读完了也就结束了,最多,不过是和同好的姐妹们讨论一下彼此喜欢的人物与浪漫抑或离奇的某些片段。

对于喜欢看经典名著的女人来说,"书籍是屹立在时间的汪洋大海中的灯塔"、"读一本好书,就是和许多高尚的人谈话"、"读书是在别人思想的帮助下,建立起自己的思想"。她们读书用两只眼睛，一只眼睛看到纸面上的话，另一眼睛看到纸的背面。喜欢看小说的女人拒绝艰涩，一本书，读不下前边的部分，就会被即可放弃；喜欢看经典名著的女人专攻深度，她们以咀嚼为嗜好。

大哲学家卢梭说过："读书不要贪多，而是要多加思索。"对于喜欢看小说的女人来说，海量阅读虽然精神可嘉，但是也不妨看些内容丰富且值得回味的书。对于喜欢看经典名著的女人来说，总是沉浸于经典中很容易让心变老，偶尔还是要读一些与时俱进的书，让自己跳脱出来。

喜欢看小说的女人嘲笑喜欢看经典名著的女人只懂得瞎琢磨，研究一个虚幻的古代人，那有什么意思，还不如研究现代小说里的心机呢。喜欢看经典名著的女人讽刺喜欢看小说的女人只懂得看些没营养的闲书，那些所谓的心机明显的犹如墙角的老鼠夹，还傻傻地对此崇拜不已。有那功夫，还不如多研究研究宝姐姐式的杀人不见血。

喜欢看小说的女人不懂喜欢看经典名著的女人的哀愁，只是一个两面三刀的王熙凤而已，她的下场不是应该的吗？为什么要这么感慨万千？喜欢看经典名著的女人不解喜欢看小说的女人的笑容，空泛无趣的虚幻故事，值得这么开心吗？

二者在读书上有相互不理解的地方，这没有关系。没有必要为了向对方靠拢，选择自己不喜欢书。对于书，不同的女人会有不同的品位，不同的品位会有不同的选择，不同的选择得到不同的效果，因而演绎出一道女人与书的风景线。有些女人读书时很傻很天真的哭哭笑笑，会让男人看着无限可爱；有些女人读书时凝思沉静的样子，会让男人看着肃然起敬。

女人有做不完的公主梦，每天把自己泡在小说里，安安静静的享受书里王子和公主的罗曼蒂克；她们也喜欢看某位王妃怎么力战群芳，怎样脱离一个个的圈套，经过重重考验，最后登上皇后宝座，然后和皇帝相亲相爱共同治理国家……如果做着玫瑰色的公主梦，让自己非常过瘾，能够忘却现实生活的种种困窘，为什么不继续呢？

为什么王熙凤会落到一个凄凉的下场？她虽然文化不高，却有主见、有胆识，在几百口人的大家庭里，只有她能八面玲珑，四处周旋，处理极其复杂的人事关系。也只有她能东借西挪，应付入不敷出的浩繁开支。她败在了哪里？是因为太过狠辣还是弄权作势？……如果这样边读边思考，能够让女人更加看透现实，提高人生境界，那么，就不要放弃好了。

女人，要为自己而读书。女人读书其实就与梳妆打扮一样，让自己洁净清爽、内心安然丰润才是真正的目的。只有心气平静，女人才会感觉到幸福。

女人，不要和某人看齐而读书，不要为了某人而读书，不要为了成为某人而读书。做个快乐的读书女人吧，读你想读的书，让读书带给你的喜悦和快乐，让读书把你变得越来越年轻、越来越美丽。

书是女人气质的时装,不老的底蕴

好书对于女人,是家乡的一方绿色水土。离了它,自然也能活,但与书隔绝的日子,心无家园。半生过下来,女人就变得语言空虚眼神恍惚心底狭窄见识短浅。

——毕淑敏

罗曼·罗兰说:"多读些书吧,知识是惟一的美容佳品,书是女人气质的时装,书会让女人保持永恒的美丽。以书为华衣,女人的美丽就会永不变色。"塞缪尔·斯迈尔斯在《自助》中说:"人如其所读(Man is what he read)。"一个女人的气质、智慧,还有修养,都是和大量读书分不开的。读书让女人在平常的生活当中发现生存之乐、生活之重与人生之美。读书让女人气若春兰,让女人能在这个世间展示自己内在的美与善良。书籍是女人永远的护肤品,没有失效期。它不但护肤而且护心。

作为韩国最有钱的女富豪,李明熙显得十分低调,她不喜欢在公共场合露面,不喜欢接受媒体采访,不喜欢参加造势活动,也不喜欢谈论自己的公司,对于自己所拥有的资产向来不大在意。

李明熙执掌的韩国新世界曾是韩国三星集团的子公司，1997年才从三星集团中分离出来。2004年，其销售额为597亿美元。2005年，新世界在《福布斯》杂志评选的世界400强优秀企业中排名241位。易买得是新世界1993年开始推出的大型超市，是韩国超市第一品牌。

李明熙作为事业有成的女企业家，在韩国公众中影响巨大。因为没见过李明熙本人，所以人们总是把她想象成一位衣着华丽、打扮考究、过着富贵生活的女人。的确，对于一个拥有亿万资产的女人来说，过这样的生活也不为过。但事实却是，李明熙和普通人一样，衣着朴素，举止言谈间，不时流露出质朴的笑容。

李明熙更重视的是一个现代女企业家内在的涵养，在追求事业进步的同时，她一直没有放弃读书，或许正是读书多，才为她增加了几分迷人气质。在韩国的商界，拥有知识女性气质的李明熙是一枝独秀。

在谈到读书时，她曾彬彬有礼地说："最近看书总是肩膀疼痛，因此让别人念给我听，但像加德纳的《热情与品德》这样的优秀著作，我必须亲自阅读。只有这样，才能让自己身心完全投入到里面去。"就这么几句话，让我们看到一个自然本真的李明熙。别看她拥有亿万韩元，但她仍然不忘努力学习，即使累得肩膀疼痛，也要坚持读书，让知识来武装自己。

爱读书的女人，她不管走到那里都是一道美丽动人的风景。

她可能貌不惊人，但她有一种内在的气质与神韵：幽雅的谈吐超凡脱俗，清丽的仪态无需修饰，那是静的凝重，动的优雅；那是坐的端庄，行的洒脱；那是天然的质朴与含蓄相结合相交融，像水一样的柔软，像风一样的迷人，像花一样的绚丽。

毕淑敏说："轻风朗月，水滴石穿，一年几年一辈子几辈子读下去，书就是微波，从内向外震荡着我们的心，精神的分子结构就改变了，成熟了，书的效力就凸显了出来了。"读书人与不读书的人就是不一样，这从气质上便可看出。读书是一项精神功课，对人有潜移默化的感染，读书人的气质就是由连绵不断的阅读潜移默化养就的。聪明女人都要多读书，读书能使你的性格、思想、涵养、素质、修养等都受到潜移默化的升华。

古人常用"牝鸡司晨"来贬低女性的能力；但男人心底里，却十分敬重有德行与能力的女性。女人具有学识已经十分普遍，只是对于要继续累积哪方面的知识，不同的女人有不同的看法。

有些女人不喜欢深奥的理论，她们觉得看那些枯燥的书会减少自己的寿命。她们喜欢轻松一些的生活，那些乏味而深奥的东西交给男人去看好了。她们满足于言情小说，醉心于时尚周刊，对于一本本的大厚书，提不起一丝的兴趣。女人嘛简简单单就好，古人不是说过"女子无才便是德"吗？

有些女人对于探讨人生哲理的书籍很有兴趣，无论是《厚黑学》还是《巴黎圣母院》她都可以品得有滋有味。她们认为，作为一个女人不一定要貌美如花，但是一定要有底蕴，才气就是底蕴。没有才气的女人，只是男人的摆设和花瓶而已。

很多时候，有底蕴的女人比外表漂亮的女人更有吸引力。如果一个女人空有美貌的外壳，却脑袋空空，别人在和她经过一段时日的交往之后就会觉得无趣。而有底蕴的女人虽然并非美女，但却非常吸引男性，因为她们谈吐优雅、举止端庄、具有敏锐的观察力、温柔、体贴等，这些魅力与容貌无关，但产生的影响却远胜于美丽的外表。尽管岁月也会在淑女的脸上刻下一道道皱纹，但是淑女会凭借她的底蕴散发出别具风韵的成熟美。有思想武装的淑女才是一朵常开不败的花。

底蕴指内心蕴藏的才智、见识。《新唐书·魏徵传》："徵亦自以不世遇，乃展尽底蕴无所隐。"有底蕴的女人彰显个性风采，却不过于张扬。

于丹继易中天在《百家讲坛》掀起了普及"国学"的回春熏风后，又迈开矫健的步履登上《百家讲坛》，并连续讲了《论语》心得和《庄子》心得，上演了中国文化史上最浓艳华丽而温馨的一幕，使"国学热"迅速升温，在神州大地荡起了阵阵袭人心魂的热浪。

于丹的成功是偶然吗？不！应该说她已经具备相当深厚的功底和功力，也为讲心得付出了相当多的心血和努力。她的成功，源于她4岁就开始读《论语》，并泡在中华版的书堆里长大，家学很深厚，对圣人颇熟悉和很有感情。特别是她钟情于庄子：她说"情愿用一生的体温去焐热这个智慧的名字，渐行渐远，随着他去'独与天地精神往来'。"可见，她用美丽的"体温"，掀起了"国学热"的冲击波，智慧的暖风熏得听众和读者如痴如醉。她美丽的"体温"是学识和智慧的内核裂变焕发出来的，并不是上演的"空手道"和"空穴来风"。

对女人来说，世界上内外兼护的东西唯有书籍。书籍是女人保持自己魅力的法宝，一个和时代同步的女人，肯定是一个爱读书的女人，她从里到外都散发着迷人的风采。

每本书里都有精彩的内容

　　一个人的容貌，前二十年是爹妈给的；至于二十岁以后到终生，美丽的东西一定跟自己的修炼相关。

——于丹

　　女人似乎永远会比男人安排自己的生活，她们不仅忙碌于工作和家庭，她们还要求自己永远走在时代的前端。于是，有了这样一道亮丽的风景——在精致的咖啡厅里，女人一手捧书，一手端着咖啡细细的品味，书里的东西仿佛随着咖啡一起流了下去，只觉得回味无穷、余香满口。当然，书里的内容是八卦还是专业知识就要因人而异了。

　　有些女人天生对八卦信息敏感，耳朵常常如天线般高高竖起捕捉各种流言蜚语。她们对于八卦杂志尤其喜爱，看到封面上某个明星衣着性感，再看标题让人浮想联翩，于是好奇心完全被勾起，拿起一本来再也不放手。八卦杂志是她们的精神食粮，在忙碌的生活中挤出一点时间，看看杂志放松一下精神，真是一种享受。看着那些半假半真的八卦，她们或忧或喜，完全沉浸于对自己的偶像的担心或祝福里，感叹一番世态炎凉之后，她们会重整旗鼓继续在生活中忙碌。

于是，这些女人最喜欢和三三两两的小姐妹凑在一起，大谈特谈哪个明星有怎样的新闻，哪个明星得罪了谁被封杀了。即便自己对这种消息不能确切把握真假，但她仍然可以谈得海阔天空，最后不忘加一句："我是从某某杂志上看的，也不知道是真是假。"被忽悠晕了的小姐妹会肯定的回答："我觉得是真的。"她们的虚荣心得到了巨大满足，她们为此会很快乐的继续寻找新的八卦。

有一些女人则对各种八卦绯闻最不感冒，她们热衷于提高自身的技能，让自己不断冲向新的高度。她们对彼得·德鲁克、亨利·明茨伯格等人物耳熟能详，对《管理工作的本质》、《高阶主管的决策》等更是颇有心得。她们相信只有不断的提高自己的硬件技能，才能在这个社会中游刃有余的生活。

于是，这些女人更喜欢把自己所学实际应用起来，她们往往发现一个新的理念之后，就会客观理智的分析目前情况，确认可行之后，把这种新的理念运用到工作之中。如果成功了，她们潇洒地一笑，继续沉浸在《第五项修炼》中修炼自己。如果失败了，她们也不会消沉，无谓地耸耸肩，对错误进行分析研究得出新的结论后，继续施行。

这些女人认为把时间都浪费在无聊的杂志身上，是特别傻的行为！而喜欢八卦的女人同样为她们感到悲哀，工作已经很辛苦了,何必还要在闲暇时折磨自己,看那种书脑袋都大了,真是不会享受生活啊。

给喜欢八卦的女人的建议:放松精神固然重要,但沉迷于各种杂志中不求上进是不行的。小女人让自己保持幸福的秘诀就是,适当的看些专业书提高一下自己。

给热衷于提高自身的女人的建议:勤奋上进当然很好,但是偶尔看些杂志放松一下精神,开阔新的视野,会对自己更有帮助。

有些女人时时刻刻都带着小镜子,她要求自己无论何时都要保持美丽妆容。对她们来说一缕头发掉下来都是不可以的。为了保障自己的美丽,她不单单满足于买各种名贵化妆品,还需要熟读各种有关方面的书才行。如《保养我最大》、《一辈子做女孩》等等。这些书都是她们的最爱,她们会严格的按照书中的内容从事,犹如最虔诚的信徒。

每次跟朋友谈起化妆心得,这些女人就滔滔不绝:化妆,一定要适合自己。所谓"增之一分则太长,减之一分则太短,着粉则太白,施朱则太赤,这就是化妆的境界。最自然的妆就是淡妆,用基础色调调整肤色后,再稍稍刻画一下五官的立体感。勾线不要很明显,化妆色要做到似有似无。眉要清晰见底,保留一点点杂毛可以增加生动感……她们的专业堪比化妆师,令朋友们佩服得五体投地。

但有一些女人会为她们可惜,把所有时间浪费在保养容貌上,忘记了空虚的灵魂。殊不知，这些看似无用的知识却也实用。我们常会看到，一些女人在一些社交场合自然而然会成为言语风暴的中心。她口若悬河、见解独到、神采飞扬，她对周围的人大谈某本杂志的设计风格、时尚内容、流行八卦、潮流走势，无论是非主流还是杀马特她都如数珍宝一一道来。周围的人对这些女人更加喜爱，只觉她身上散发着时尚而独特的魅力。他们乐意听她们侃侃而谈，就仿佛是假日里的一种享受。而这些女人也很喜欢这种氛围，因为被人喜欢就是一种幸福。

与她们相比，有一些女人更注重自己的心灵升华，她们喜欢读读《宽心》或《扫除力》，从中感悟生命的一丝哲理，感悟有容乃大的包容力。她们读《论语》、《大学》、《中庸》、《四书》、《五经》为此让自己的灵魂变得充实。这些女人深深的明白，最高级的化妆不是描眉擦粉，而是从内部的化妆，即通过丰富自己的知识，来充分挖掘自己过人的智慧。

喜欢八卦的女人为她们不值，看了那么多书，却还不懂保养自己。殊不知，这样的女人同样魅力无穷。她们在某些社交场合，同样是风暴的中心。她们干练简洁、构思新颖、掷地有声，总能一针见血地指出某种管理方式的不足。她们能从泰罗（管理之父）谈到彼得·圣吉，能从弗雷德里克·温斯洛·泰勒（管理之父）谈到韦尔奇，再从韦尔奇谈到柳传志、马云、俞敏洪。她们向周围的人讲述目标管理、人本管理、质量管理、创新管理，她滔滔不绝，而周围的人也如痴如醉，看她们就如高高在上的女王一样挥斥方遒。这些女人对自己这样的状态感到满意，把心得与众人分享还能够得到他们的认同，这就是一种巨大的成功。

不同的女人有不同的品位，所选择的书也不相同，因而，两者之间会产生不同的效果。一些女人读书是为了获得知识，增长才干。一些女人读八卦杂志则是为了享受生活，愉悦身心。两者都可以从书中吸取到精华，进而展现出不同的女人魅力，或成熟稳重，或时尚清新。但是，女人要想让自己更加幸福，就必须接受彼此的观念，一点一滴的融入自己的生活。这样既不会为专业书而觉得生活乏味，也不会为各种杂志觉得人生空虚。彼此互补，才能演绎出自己的幸福人生。

随时随地学习有用的知识

> 时间就像海绵里的水,只要挤总会有的。
>
> ——鲁迅

一大早起床为老公做早餐,一遍一遍跑去叫醒赖床的儿子和女儿,苦口婆心地哄着他们吃完饭,然后护送他们上学;在返回途中,顺道到工行排队交电话费、水电费;回到家,马不停蹄地洗大人小孩的衣服;晾完衣服,赶紧到菜市场或者超市买菜,回家还要仔细记账,以便向老公交待;接着自己简单而匆匆地吃个午餐,而后浇花,清理猫砂盒,给狗狗洗澡,晒被子,擦地板,做点缝纫的活儿……很快就到了接孩子回家、准备晚餐的时间,因为心疼老公上班挣钱辛苦、怕孩子们在幼儿园吃得不太好,晚餐特意做得很丰盛……孩子们吃完,自己玩去了,而老公则兀自坐在客厅沙发上看起了足球赛!留下她一个人整理厨房、洗碗,把收好的衣服叠好,铺床哄小孩睡觉……

以上是很多女人的生活写照,"忙得一点时间都抽不出来"是她们的心声,对于边工作边照顾家庭的女人更是如此,于是,她们往往是想学习知识，却总是心有余而时间抽不出来，只能放弃。

的确，女人为了工作、丈夫、孩子、家人忙里忙外，能够支配的属于自己的时间也十分有限，但这些并不能成为不读书的理由。

有人曾说过这样一句话："成功与失败的分水岭可以用这么5个字来表达——我没有时间。"如果想要给自己充电，就必须挤出时间来学习，只有这样自己才能在生活中游刃有余，获得幸福的真谛。

我们每天都有许多零散的时间在不知不觉中浪费掉了，若能充分利用这些时间，随时随地给自己进行知识"充电"，长期下来，则终必有成。陆放翁所说的"待饭未来还读书"，古人所谓的"三上之功（枕上、马上、厕上）"，都给我们指出了解决时间不够问题的诀窍。如果每天都抓住一个小时的零散时间，那么一年就有了365个小时，大约45天，按照这种算法，每天少看一个小时的电视，就可以挤出时间来学习了。只要运用自己的理性，不为自己找任何怠惰的借口，你就会发现，有很多时间可以去学习自己需要学的东西。

另外，社会就是我们的大学校，我们所遇见的人、所接触的事、所得到的经验，都是这所学校中的老师。只要我们开放自己的耳目，那么在我们生活的每时每刻都可以摄取知识。这些知识会累积在你的头脑中，成为你自己随时随地都可取用的力量源泉，永远都不会消失。

女人，当你把读书看做生活中的一部分，如饮食、喝水一样不可或缺时，就不会感觉没有时间学习了。

不断用新知识充实自己,做知识的富有者

多读些书吧,知识是唯一的美容佳品。书是女人气质的时装,书会让女人保持永恒的美丽。

——罗曼·罗兰

岁月如梭,光阴似箭,转眼即逝,女人,你准备如何度过自己的后半生呢?聪明的女人现在该好好筹划一下了,为自己的将来准备一下粮食了。你一定不愿意自己的后半生过得凄凉黑暗没有光明吧?你也一定不愿意像小时候学过的"寒号鸟"一样被活活饿死吧?那么,就从现在开始,抓住每一次机会,抓住每一分钟,随时随地不断地学习吧,努力提升自己,不要被时代的潮流抛弃。

这是一个多元化的社会,每一天都在发生着日新月异的变化,这个社会对人才的要求也越来越高,我们随时都面临着失业的威胁,想一想,若干年后你一旦失业,然后再去和一群二十几岁的年轻人竞争,你觉得自己有足够的优势吗?即使你父母给你留下了足够的财产,即使你老公是百万富翁,可是你能保证这些不会

发生变化吗？你能保证你老公对你的感情不会发生变化吗？还有供房、孩子的教育、双方老人的养老等一系列的问题，都是摆在你面前的现实问题，你可曾想过这些？如果等你到了四五十岁再去考虑这些问题，那恐怕就为时已晚了。

女人要不断提升自我，趁着你还年轻，及时为自己充电，不要等到暮年才后悔不及。

如果你有足够的时间，不妨去参加一些进修课程。现在社会上有许多短期培训班，在那里你可以灵活地制订自己的学习计划，学习各种有用的知识，见缝插针地为自己充电，比如学习一下企业管理、市场营销、沟通能力、营养知识等，这方方面面的知识可以开阔你的视野，打开你的眼界，从而使自我素质不断得到提升。

如果可能的话，不妨再学习一门外语。在大学校园里，我们很容易就可以辨别出哪一个人是外语系的，因为学外语的女人格外有气质，这不仅是因为她掌握了一门外语，还有她身上透出的那份与众不同的自信，特别吸引人。有人曾经这样比喻，学好一门外语，就像终身抹上了一层嫣红的唇膏，那些随音节自然流露出的风情，是任何保养品或者华贵的衣服都无法代替的，让人变得格外高贵。

女人的生活是否幸福、是否风光，关键就在于你现在做了什么，你可曾跟上了时代的潮流？你可曾不断地提升自我？有一句话说得非常好,"女人嫁得好不如做得好,长得漂亮不如活得漂亮",这就是在提醒我们,真正有能力的人才会过得滋润,过得快乐,过得幸福!为了你的将来,那么,从现在开始,努力进取吧,不断地修炼,不断地进步,争做时代的弄潮儿!

在不断的学习中发现学习的乐趣

> 学习如同呼吸一样,是一种终身的活动,它意味着生命的存在。
>
> ——卡耐基夫人

紧跟时代的步伐,让自己生活丰富多彩,与人交谈有料的上上之策,就是给自己充电。对于女人而言,"充电"不是唇彩,不是流行色。与过去不同,女人"充电"不是为了粉饰表面,而是一种非常"实用"的知识。一般来说,经常看书的女人都有三个特点:一是感性,二是细致,三是善解人意。因此,当女人开始为自己的大脑和心灵"充电"时,就会发现"充电"带来的"副产品"——个人魅力不断飙升。

在同样环境、同样时间、文化程度相同、相貌普通的两个女人,经过若干年之后,一个女人可能通过业余学习,成为具有某方面专长的学者,而且谈吐优雅,气质不凡;而另外一个女人不愿学习,那她就可能成为一个碌碌无为的庸者。有些女人深知其中利害,因此她们都愿意用自己的业余时间来"充电"。但是,因为风格迥异,充电的方法也是不尽相同。

卡耐基夫人认为，每个人的生存是一个持续发展的过程。人的生存是一个无止境的完善过程和学习过程。毫无疑问，一个女人也必须从环境中不断地学习那些自然和本能没有赋予她的生存技术。无论是求生存还是求发展，她必须终身学习。正是从这个意义上讲，终身学习的过程实际上也是女人不断发展、不断完善的自我实现的过程。

同样是充电，还需要恰当的方法，如果是浅尝辄止，不停地尝试新的领域，最后难免会落得一事无成。

有些人对自己进行充电时，总是三分钟的热度。刚开始下定决心要学习与工作相关的知识，没过多久就会发现插花也是一种艺术，插花学不了多久又对茶道感兴趣。她们总是学这个学那个，结果弄得哪个也略懂，有时还能与外行人侃侃而谈。但是毕竟是个嘴把式，如果要动手实干，就会显露出其知识不足。

曾看到过一幅题为《挖井》的漫画，相信大家不会陌生。画中人手拿铁锹在挖井找水，他或深或浅地挖了五口井。遗憾的是，在他所挖的深深浅浅的五口井中却没有一口井出水，而水就在更深一点的地下。也许，有人会问："这究竟是什么原因呢？"我想：原因可能有很多种，但关键还是在于：他没有坚持到底，挖到一定程度没有水，便主观地认为这个地方不会有水，就放弃了。接着，他又寻找可能有水的地方重复前面的徒劳。其结果可想而知……

很多女人经常为所学知识过杂而烦恼，其实，选择自己最需要的知识，然后努力把它学会、学精，就可以得到心灵的安宁。学无止境，在学习的过程中，我们一旦选择了自己要学习的东西，就要克服一切的困难，义无反顾的要把这件事情完成，要相信，凡事只要坚持下去，必定会有所收获。无论是学习与工作相关的专业，还是发展自己的个人爱好，只有坚持到底，才能享受到成功的乐趣。

在这点上，有些女人则做得比较好，她们的目标非常明确，就是选择与自己所从事的职业相关的专业，进行补课强化其应用性，尽快提升自己的价值。这些女人拥有一种危机感，正是这种危机感让她们明确了自己的努力目标。她们深深的明白，如果不学习，不接受新事物，不用新知识、新技术武装自己，淘汰掉的很有可能就是自己。这些女人深知，眼睛的盲点是眼皮底下，前程的盲点是脚底下，看清自己走的道路，目的性自然而然的出来了。正是这种锲而不舍的目的性让她们不断进步。

没有时间？是我们每个人在学习过程中都会碰到的问题，时间问题让很多人在学习知识时半途而废。

阿双在去年的时候，报名了某家成人英语培训机构的相关课程，但是在去了半年之后就没去了。因为后半年工作太忙太累，所以到了周末就变的很懒，从去的次数变少直到后来直接不去了。现在阿双回想起来都感到非常的后悔，如果能够坚持下来那么自己肯定会有明显的提高。

在不断学习中,你就会发现学习的乐趣。一本好书就如与生俱来的一道灵光,照亮你的天空;像一把开启心扉的钥匙,牵引你走进感知和灵魂的最深处;它使你的身上澎湃着智慧的波涛,让睿智的目光中总有一种撼人心魄的力量。女人通过终身学习可以发现自己人生的意义。在不断学习的历练过程中,她们可以知道自己的长处和短处,并且善用自己的长处,解读自己的人生密码,规划自己人生发展的蓝图。

>>> chapter

07

第七章

有自己的个人空间,活出最真实的自我

车尔尼雪夫斯基曾说:"人人都希望他的内心生活中有一个不容任何人钻进来的角落,正如人人都希望有一个自己独用的房间。"给自己一个空间,活出一个真实的自我,让一切顺其自然,尽情地沐浴在温暖的阳光下,自由地伸展慵懒的肢体……

每天留出十分钟安静独处

> 独处是人生中的美好时刻和美好体验,虽有些寂寞,但寂寞中又有着充实。独处是灵魂生长的必要空间,在独处时,我们回到了自己。这时候,我们独自面对自己和上帝,开始了与自己的心灵以及与宇宙中神秘力量的对话。一切严格意义上的灵魂生活都是在独处时展开的。
>
> ——题记

"女人应该有一间属于自己的屋子",一位作家曾这样说过。女人,告别了喧嚣,回归了平静;告别了浮躁,回归了本真;告别了繁华,回归了自然,有了一种内心的宁静,更需要一个慢慢咀嚼的空间。

女人,相夫教子,为工作打拼,忙忙碌碌,同时更需要从内心审视自己、放松自己。每天在日暮西垂、月上梢头的时候,独自坐在窗前,沏上一杯香茗,在袅袅升起的轻雾中,和自己的内心约会,轻声地问一句:"你今天过得好吗?"

腾出空间、时间和自己约会吧,不如意了,安慰自己;沮丧了,鼓励自己。把自己尘封的往事,拿出来晾晒吧,别担心别人看见，细细地数数上面年轻的泪痕，也许会从脸上流下依然年轻的泪水，不再压抑自己，把自己的感情宣泄出来，反思、回忆，然后收拾行囊，继续前行。

这个世界太过喧闹和浮躁，生活在这个世界里，人们常常会迷失自己。学会独处，会让你在这个喧闹、浮躁的世界里活得更加清醒、更加轻松。独处，是一种生活艺术。已故的台湾作家三毛说过：我想有一间自己的书房，不要有窗，也不必太宽敞，只要容得下一桌一椅一台灯即可。桌上放一叠书，灯下是一个真实的人。听得见自己的心跳。这时候你是你自己，你可以冷静地审视自己，理解自己，珍惜自己，善待自己。

女人的安静独处，不是寂寞与孤独的自我发泄，会独处的人才是懂生活的人。独处有独处的乐趣，它可以让人内心变得充实，让人在这个纷杂的世界中把握自己，淡泊以明志，宁静以致远，独处时体味一种美丽的真实。

女人，应该学会享受独处，无论生活有多困苦，我们都应该在这个喧嚣的尘世中，寻找一份静谧，在疲惫的时候，给心灵小憩的空间，让自己做回自己。克里希那穆提在《爱与寂寞》一书中说过：只有当心灵不再以任何方式逃避、直接与孤独寂寞交流时，才会有感情，才会有爱。

女人，更应该懂得独处，立于树下，聆听鸟鸣；立于花丛，体味花香；手捧香茗，翻阅好书；默然静立，思绪飞扬。浅笑或是沉思，亦或是什么也不想，静静地体会独处的美好。

　　这个尘世已经太过拥挤，女人要用心灵撑开独处的空间，坚持每天留出哪怕十分钟安静独处的时间，学会尊重自己，充实自我心灵，倾听自己内心的声音。爱自己，才会爱生活，才会获得内心的优雅和宁静。云起云落，静观人生百态。

尝试独居的滋味

尝试独居，能够让自己更了解自己，也更懂得怎么与人相处。

——题记

独居，顾名思义，就是一个人住呗。

但似乎也并不容易，你必须要有独立的空间，要自己处理衣食住行的需要，并且还要处理偶然涌出的思绪纷飞。

独居，你可以拥有充分的安静，你可以跟自己说话，你可以无障碍地审视内心，你会发现自己能更认清楚自己。不必在乎别人的眼光，你能自然自在地做所有你喜欢的事情，更可以什么都不做，傻傻发呆一整天。你会发现，这样的你，忽然饱满起来、完整起来，原来除了人群中的你，你还有这样可爱的一面。当身边人来人往，久久不曾独居时，你似乎遗忘了，那份儿自由、洒脱是多么甜蜜的滋味。

你可以随意装扮自己的小窝，加个小摆设，添个小盆栽，换个窗帘，或干脆给所有家具挪个窝，在这里，你是完全自由的，每个小小的改变，都让你充满成就感。你可以任意安排时间接待访客，没人再为你设限。从独居开始，你就是真正的大人，必须也能够为自己负全责。

当然，独居确实是对个人生活自理能力的考验。没人再叫你起床，没有人嘱咐你加衣裳，更不会有人为你叠被铺床。虽然把家当成猪窝也不会有人提意见，但如果不想天天迟到，不想穿得不得体被人侧目，不想总是吃外卖，那就一定要学会自己打理，把衣食住行都张罗得像回事。你开始目标明确地充实和改变自己，你会发现，没有什么是自己没法办到的，只要努力，你也可以是个能干的女人。

独居女人，要学会排遣寂寞，不是所有思绪都能与人分享，更没人有义务为你的情绪埋单。一个成熟的女人，要学会善待心情，读读书、听听歌、上上网，或者干脆出去吹吹风、跑跑步，都能让郁结的心情得到纾解。如果还不行，那就求助吧，真正的朋友会在你需要的时候义无反顾地来到你身边。

学会对自己微笑是善待自己的第一步。每天早晨告诉自己："今天，我真的很不错。"每天晚上，给自己一个加油的手势。这样的你，不会因独居变得沮丧，反而会让独居生活因你而变得多姿多彩。另外，独居生活很重要的一点就是一定要注意安全，这个社会远没有安全到可以夜不闭户，不想受到伤害，就该处处为自己的安全着想。

独居并不等于离群索居，独居女人也绝不能太安于现状而忽略了与人交流。首先，一定要定期给父母报平安，别让最爱你的人过分担心；也一定要经常和好友聚会，让自己的生活丰富多彩起来。当然，更不能因独居而变得孤僻，变得排斥他人，因为生活有诸多变数，如果有人走近，试着去接受，说不定这个人就是你等了多年、即将伴你终生的那一个。

独居结束，再回头审视自己的独居，你会发现，因为这一段生活，你变得更丰富、更能干，也更能在家庭生活中扮演好自己的角色，你已经是一个更好的女人。

没有爱好是件可怕的事

> 在人的生命中，爱好是一种非常强大的力量，它可以让你永远充满活力。
>
> ——题记

女人要上得厅堂、下得厨房，在家要相夫教子，出外又要顶得起半边天，只有这样才算得上父母的孝顺女儿、丈夫的称职妻子、儿女的合格母亲，简而言之，只有这样才算得上一个好女人。于是女人便家里家外忙得像个陀螺一样团团转，久而久之，女人就成了家庭的附属物，被生活磨得既可怜又可悲，活得失去了自己。在不知不觉中，女人们走向了三十岁，她们不由得感叹：我活的还是我吗？"我"到哪里去了？尤其是当这一切成为习惯以后，没有人会感激你的付出，他们理所当然地接受了你无微不至的关爱，却从来没有想过你为此做出的牺牲和你内心的真实感受。面对这一切，怎能不让人伤心？

照照镜子，看着镜子中的自己，这张脸的主人也曾经是舞台上的天鹅，也曾经在美术展览上尽现风采，也曾经拥有过美丽的歌喉……现在呢，多久不曾登上舞台了？多久不曾拿起画笔了？

那小提琴又积了多厚的灰尘啊？你还有自己的爱好吗？

人没有爱好是一件很可怕的事情。不要以为家庭就是你的一切、儿女就是你的生命、事业就是你的全部，别忘了，除了这些，你还是你自己，独一无二的自己！没有了自我的人，还有魅力可言吗？女人要养成一种爱好，哪怕是逛街购物，哪怕是上网打游戏，哪怕是烹饪美食，只要是你发自内心的要求、发自内心的喜好就可以。

为人妻，为人母的时候，女人已然结束了少女时代那些蓬勃的稚气与梦想，开始了成熟女人的理想与追求，这个时候不要想着依赖谁，也不要把你的生活重心放在别人身上，你要明白，在这个世界上最爱你的人只有你自己。培养一种爱好，用心去体会，那时收入你眼底的都是美，认真品味其中的乐趣，可沁人心扉。

爱好没有贵贱高低之分，弹琴、弈棋、读书、绘画固然优雅，养花、聊天、旅游、健身也不失为乐事，只要是你内心的需求，只要是你真心地喜欢，那就已经足够。哪怕是在清晨的公园里听小鸟与风欢唱，午后在田间小路上欣赏路边的野花，黄昏时数一数那落日余晖下的树影，也可以让人体会到"精鹜八极，心游万仞"的境界。

女人要养成一种爱好，这爱好可以让你感受到快乐、充实、幸福、喜悦，可以让你的生活充满阳光与色彩，可以让你变得更加美丽并且魅力四射，这就来自于你心底的愉悦，来自于你由里向外散发出的气质。

女人，当你拥有了自己的爱好，你会发现，曾经不经意而流逝的岁月，正在天边散发着耀眼的光芒。

"乐，是自找的！"

> 忘记，才可以找到真正的纯粹的快乐。
>
> ——题记

为人妻、为人母的女人，自然成为了家庭的重要角色。这时候，多数女人已习惯于将生活重心转移到丈夫、孩子身上，在她们的心理空间中，"我"已被挤压到很小很小，甚至是可以忽略的一角。

然后，慢慢你会发现，谈话的时候，自己不再是中心，甚至变得多余。别人的话题自己插不进嘴，原来不知不觉间你已经"OUT"了，有些人开始不平衡，"我"为他们付出那么多，他们怎么能这样对"我"？

也有些女人，一直没遇到相守终身的人，又或者因种种原因而重新恢复单身，她们有不错的外表、性格和能力，本可活得快乐，但因为身边太多人的关注，影响了原本的好心情。关注本是好意，但过于频繁迫切，便成了压力。

女人如花，一个快乐的女人，就像一朵艳丽的花，在哪里都会受人瞩目。没有人有理由处处照顾你的心情，女人，更应该学会自己找乐。

找乐有很多方式，听歌、下棋、跳舞、健身，随便哪一种，都能愉悦身心。有不会找乐的人吗？真的有吗？那么，您不妨参考以下几种方法：

适当社交。试着与一度疏远的闺蜜恢复联系，那些只有你们了解的趣事，可以让你笑得特别甜蜜。参加一些同学会之类的活动，看那些曾经熟悉的人们都在怎样生活。知道不是你一个人在为生活努力，便会打心底变得踏实。最重要的是，探望一下亲人，尤其是父母。你一直是他们最重要的人，他们真的需要和期待你的陪伴。跟他们在一起，你会发现自己多么重要，他们带给你的快乐是那么简单而纯粹。

旅游也是不错的选择。人在路上，思想会备感自由，过往将来任意承想，佐以眼前的异乡风情，更是别有风味。好风景、好天气，总是让人有好心情。即使不幸遭遇不如意，能跟一群人一起经历、一起体验，事后想来，也未必都是坏事。

随时随地地做好事，哪怕只是举手之劳。"予人玫瑰，手有余香"，付出永远比得到快乐。做的事可能很小，但在这个过程中，那种被需要的感觉，会让自己感动。人其实一直都期待着被认同、被需要，那何不主动去做，每天做一点点力所能及的善事，成全他人，也娱乐自己。

养养花。这绝对是件低投入、高回报的事情。不必在乎什么品种，重要的是好养活。天气暖、心烦无聊时，一盆盆搬出来，喷喷水、松松土，看一片片绿叶慢慢舒展，像是一张张感恩的笑脸，让你的心情也变得大好。它们不会闹脾气、耍小性儿，仅一点水分、阳光，便回报你一片盎然、一室清新。

阅读绝对是开拓视野、纾解压力的最佳途径。通过阅读，你面对的是形形色色的人，他们嬉笑怒骂，都那么坦然地展现在你的面前；通过阅读，你的坏情绪得到纾解，心胸变得开阔，快乐便自然如影随形了。

抽空健身。不必进昂贵的健身房，也不必限定形式。每天抽半个小时，于某个小公园，散步、慢跑、伸伸胳膊、踢踢腿、与绿草、清风作伴，融入自然的呼吸，本身已是陶冶。心情好，自是百病不侵；健康身心，自会乐趣无穷。

找乐其实是一种心态，是有意识地让自己的心情好一点，更好一点，等你习惯了随时保持好心情时，就会发现：快乐随时随地，就像夏日午后的阳光，俯拾皆是。一个快乐的女人，本身就是发光体，会让你身边深爱和爱你的人，感觉温暖和明亮。

追求一种与爱情、婚姻、男人、事业无关的信仰

> 对于我们来说，生活中必须有，也应该有某种人生信仰，它偶尔用一句话、一场梦、一种表情或一个事件向我们传递一种令人振奋的消息。
>
> ——蒙哥马利

结婚以后，女人的生活往往归于平淡，生活中要么是老公和孩子，要么是柴米油盐酱醋茶，要么是家长里短，安逸的同时难免单调和乏味，周围的世界再也引不起那好奇的双眼，一种莫名的疲惫往往会充溢全身。为什么会这样呢？是什么让您忧伤？是什么束缚了你的灵魂？剥去紧裹在身上的僵壳吧，去呼吸一下外面那新鲜的空气。

女人，应该去追求一种信仰，这信仰与爱情、婚姻、男人、事业无关，不管是佛教、基督教，还是天主教、伊斯兰教，亦或是其他的追求，比如做慈善事业、写写文章，亦或是听听音乐等，找一个超脱俗世凡尘的崇高信仰，可以帮助我们克服人生的诸多困难，摆脱生活的诸多烦恼。虔诚的信仰不但可以洗涤肉体，还可以净化灵魂。

女人，应该有属于自己的爱好，比如说可以写写文章，让充满性灵的文字流畅在笔下，那对人生的领悟，对自然的敬畏，就如一滴一滴山涧的清泉轻叩心灵的扉门，升腾然后坠落，叮咚的音乐就是它的聆听。还可以参加户外运动，比如旅游、登山、滑冰等等，再或者听听音乐……凡此种种，在这些活动中，我们获得的不仅仅是感官上的满足，更是心灵上的愉悦。

时常参加一些慈善公益活动，资助困难人群、做做义工，不仅是对社会、他人的帮助，更是对自己灵魂的净化，在帮助他人的同时自己的心灵也得到了升华。

结婚后的女人是美丽的，因内敛而美，因自信而美，有着女人成熟的靓丽，有着为人母的爱心，悠然沉稳，是其他人无法媲美的，无论从哪一个角度来讲，都可称得上是精致的女人，如果再有了自己的崇高信仰，相信没有谁可以超越！

在繁花似锦的季节，让女人多一点自在，拥有一份信仰，就如那深谷的芝兰，静静地开放，留下一片清新的芬芳。体味着生活的静谧和平和，品味着内心的清净和简单，身在世俗却不为世俗羁绊，有时间就看看好书，听听音乐，随意闲游，或者与三五好友八卦人生，生活中最平常不过的小事，也可以成为幸福。愿女人似花之明媚、花之艳丽、花之静美，在人生的晴空里，再一次绽放自己的光华。因为信仰，因为梦想，结婚后的女人可以踩着这方寸土，向前进！

与同性朋友保持友好的关系

得不到友谊的人将是终身可怜的孤独者,没有友情的社会则只是一片繁华的沙漠。

——培根

无论是生活中还是工作中,女人都缺少不了同性朋友。上海话叫"小姐妹",台湾话称"姐妹淘",如今有一个很形象的统称叫"闺蜜",即闺中密友。她们没事喜欢凑在一起,为好朋友出谋划策或者聊聊八卦新闻。无论话题是什么,总有说不完的话。

女人,虽然各自都有各自的生活,同性朋友之间的联系也可能相对较少,不会像以前一样无论做什么事情都会在一起,但是,同性朋友仍是女人生活中不可缺少的一部分,就像菜肴中的调味品,所需虽然不多,但是缺少了它,菜肴就会食之无味。

女人总有着各种压力和烦恼,这种微妙的心事可能在异性朋友那里需要费劲口舌才能理解,但是同性朋友只需要一个简单的眼神就可以明白;女人喜欢唠叨,而同性朋友是最好的听众,并且她们能够对女人的唠叨快速做出反应,而异性朋友一般难以忍受；女人与同性朋友之间，更容易找到共同的话题，交流起来更轻松自然。

但是，异性相吸，同性相斥。女性间的友谊像一块透明的水晶，纯美、光亮，却易碎，因此，女人要学会与同性朋友保持友好的关系。

女人要懂得发现和欣赏同性朋友的优点。朋友间友谊的基础就是"彼此欣赏"，懂得发现和欣赏你的同性朋友的优点，才会打心眼里喜欢她，愿意接近她，彼此的吸引和走近才有了基础。

女人对待朋友要宽容，不要因为朋友一点微小的错误就斤斤计较。要知道，人在生活中难免不犯错误，犯错误、有过失就会给他人或自己造成伤害，而宽容则是人与人之间的润滑剂，可浓可淡、亦刚亦柔，能伸缩自如地把相互间的矛盾减小到最低程度。

女人要注意尊重朋友隐私，形式上保持一定距离。你和朋友都需要保持一个独立的生活空间，不要以为你们是好朋友，她的一切隐私你都有权知晓、过问、干预。否则就愤愤不平：凭什么瞒着我？女朋友的私生活，如果她愿意说，你就听，并为之保密；如果她不愿说，就不要瞎打听，好奇心太重会使对方害怕你，畏而远之。

没有同性朋友的女人是孤独的，因为没有人分享自己的快乐，没有人倾听自己的烦恼，工作失意也没有人来安慰……这样的天空是灰色的。女人，无论是恋爱还是结婚，都不能疏远自己的同性朋友，你一定可以从自己的同性朋友那里得到更多的甜蜜和快乐。

　　试想一下，相交一两个知心好友，由二三十岁风华正茂一直到两鬓斑白，即使满脸都是皱纹，仍然相知相惜，谈起过往不约而同开怀大笑，这难道不是世界上最幸福的一件事吗？

选择朋友就是选择命运

你宁可独自一人,没有朋友,也千万不能与庸俗卑劣的人为伍。

——格林伍德

有这样一句话:女人身边没有朋友,她会发疯的。作为感性动物的代表,在成长过程中,女人最不能缺少的就是朋友了,烦恼时可以尽情倾诉,快乐时可以一起分享;犹豫不决时可以商量一下,阔步前进时可以获得鼓励;闲暇时一起去逛逛街,忙碌时彼此安慰一声。

朋友是我们一生的财富,但是,女人身上有着生活、家庭、事业的各种压力,这个时候,就需要学会甄选自己的朋友,否则你的人生将会被拖入泥潭。

古语说:"近朱者赤,近墨者黑。"这个道理从古至今一直适用,强调了朋友对每个人的影响巨大。朋友应该是志趣相投的人,有句话说:"道不同者不相与谋。"所以说,朋友应该能彼此促进,互相鼓励,在品德和事业上互相影响。所以,一个人的观念与工作都或多或少地受到朋友的影响。因此,有人说,选择朋友就是选择命运。

牛津大学的格林伍德教授曾经对年轻人有过这样的忠告："你宁可独自一人，没有朋友，也千万不能与庸俗卑劣的人为伍。"如果你身边有脾气暴躁的朋友，她很可能会影响到你的决定，做出盲目的选择，要知道，愤怒的燃烧，只有坏处，没有益处，盲目的激情很可能造成永远无法追回的后果。如果你身边有心怀鬼胎的朋友，她内心有所企图，却打扮出来一副善良面孔，对你极其热情，如果你交到了这种朋友，那么你就是给自己套上了枷锁，如果你不付出惨痛的代价，这个朋友是不会放过你的。

女人一生如果能交上几个好朋友，在生活中会得到许多帮助。小丽是一位非常普通的女推销员，她没有人际关系，也不知道如何建立，更不懂得如何与形形色色的人打交道，一个偶然的机会，她认识了燕子，并跟她成为了无话不谈的好朋友。燕子是他们行业内的奇迹，她创造了在短短一年内从普通推销员成长为销售经理的晋升奇迹，在与燕子的接触中，一切都很顺利的，小丽的事业迎来一个崭新的局面，成绩连连刷新。

有位名人这样说过："我想让青年们时常与比自己优秀的人一起行动，无论是在学问方面还是生活方面，这对青年们来说是受益匪浅的。"的确，优秀的人身上有许多值得参考和学习的地方，如果与这样的人长期接触，你就会发现自己在潜移默化中也具备了许多出类拔萃的特质。这个道理很简单，如果选择与品行高洁的人为朋友，那么自己的灵魂将会得到净化；如果选择与博学多才的人为朋友，自己也会将知识放在第一位；如果选择与道德高尚的人为朋友，自己的心灵也会洒满阳光。

女人选择朋友千万要慎重。要知道，如果选择了促使自己不断努力的朋友，也就选择了一种乐观向上的生活。反之，如果结交了不思进取、消极萎靡的朋友，自己会安于现状，不思进取，随遇而安。甚至，如果选择了互相利用、以功利为目的而结交的朋友，可能会吃大亏。现实生活中，因为选错朋友而摔跟头的人不在少数。

女人不妨抓紧时间仔细地分析一下自己的朋友圈子，是不是鱼龙混杂、良莠不齐？赶紧做一个筛选吧，留下那些对你有帮助的，疏远那些可能将不良影响带给你的人。更要在以后的日子里，慎重地结交朋友，只有这样，平凡的人生才会拥有彩虹。

世界永远属于精彩者

精彩是由自己演绎的。

——题记

女人过了三十岁以后,容颜渐衰,心态渐老,世界似乎也变得灰暗起来,儿时的梦想离我们越来越远,少年的追求也变成了喟然一叹。年过三十,岁月掩去了身上的光华,顺天应命又束缚了多少人的光彩。其实不然,女人过了三十岁,正是人生中最美丽的时刻。此时此刻,无论是在心理成熟度上,还是在个人修养上,都处于人生最美好的时刻。你的生活是否能够精彩,完全取决于你的视角!你愿意让自己的生活变得更加绚烂吗?你愿意成为世界的英豪吗?那么,就请你学会精彩!

三十以后,对于女人来说,芳华渐衰并不可怕,可怕的仅仅是那越来越老的心态。年过三十,作为女人既要学会坦然接受一切,又要学会积极挑战一切。精彩地活着,才是人生的最大目标。也许有人会说,都这个年龄了,我的生活中早就忘记了激情的存在,早就过了打扮的年龄,可是,你可曾想过,任由岁月的痕迹印在自己的脸上，任由那曾经躁动的年轻的心早早地失去，难道不是女人的遗憾吗？你当真心甘情愿去做所谓的贤妻良母？你当真不嫉妒那些看上去比自己年轻的女人？当你嘴上满不在乎时，你的心态当真是平衡的？我们无法阻挡岁月在我们的身上刻下明显的痕迹，可是我们却可以掌控自己的心态，永远保持年轻！

其实，世界上的许多事只需要你换一种方式去思考，那就可以达到不同的效果。不要认为出风头只是属于小女孩的专利，年过三十的你早已失去了人生的舞台。当所有的目光与灯光都聚焦在你身上、热烈的掌声为你响起的时候，你就会感觉到，三十的女人真好，三十的女人也同样可以精彩！

三十以后，女人就要学会精彩。你要明白许多的事都必须好好把握，因为机会稍纵即逝。只要心中有信念，那么世界就永远是美丽的。我们不要早早地冠上"黄脸婆"的称号，更不要看自己老公那越来越不在乎甚至嫌恶的眼光。年过三十，作为女人更应该明白，只有自己懂得爱自己，才可能让别人来爱你；只有我们自己活得精彩了，才可能获得艳羡的眼光。

三十以后，女人真的应该学会精彩地生活。这既是在为自己负责，也是在为别人负责。记得有本书上有这样一段话：如果你给了人生一个微笑，那么人生也会还给你一个微笑；如果你给了人生一个痛苦，那么人生也会给你一个痛苦。所有的事物都是矛盾统一的，当皱纹爬上我们美丽的脸庞时，你的个人修养、生活阅历也在不断地提升，快乐与痛苦就是一对孪生兄弟，我们为什么要盯着不如意的那一面呢？想一想，上天对女人是何等的优待，三十岁以前的娇媚容颜，三十岁以后的优雅成熟，女人有什么理由放弃精彩呢？

世界永远属于精彩者！三十岁以后的你，世界属于你吗？